Chocolate
Dessert Making

中国人民大学出版社
·北京·

编委会名单

编 委 会 主 任：金晓峰
编委会副主任：汪　俊
巧克力制作：卢　山
文 案 编 辑：翟洋洋
摄　　　影：李亚男

前言

巧克力，自出现的那一刻起，其甜蜜和苦涩的两极美味，就广受消费者的青睐。随着巧克力生产工艺的提高，巧克力的魅力愈加迷人，同时，巧克力市场也蕴藏着巨大的商机。在世界糖果总产量中，巧克力产品占有 46.2% 的比重，而其产值则占到 54.6%。在西班牙、瑞士、比利时等国家，巧克力产业已成为重要的支柱产业。

巧克力在中国具有很大的潜在市场，随着经济的高速发展，人们经济收入的相应提高，生产厂商不断致力于新产品的开发，这些都将会引起中国巧克力消费市场的迅猛发展。今天，巧克力已经不是一种简单的食品，而是相爱的人相互表情达意的凭证，是节日馈赠亲朋好友得体而深受欢迎的精美礼品，更是人们放松心情、补充能量的营养休闲食品。如今，巧克力不再是以单一食物的形式出现在西点市场中，更多是以艺术造型的形式穿梭在迅速发展的西点行业中。为了适应这一发展环境，开发一本具有指导性的专业书籍显得尤为重要，本书正是顺应这种趋势而编写的。

全书共分为两篇，共六章，主要讲解了巧克力造型的制作与应用。在制作篇主要介绍巧克力的基础理论知识，例如巧克力简介、起源与发展、巧克力的分类，以及制作巧克力装饰品的常用设备与工具，还有巧克力调温和上色的方法等。在制作方面，包括平面几何造型、立体几何造型、巧克力铲花工艺，以及现在市场上流行的各种模具巧克力的制作。在应用篇主要介绍了市场上流行的各种巧克力淋面，包括星空淋面和豹纹淋面，以及喷砂的技巧等。在编写中，我们参照中外相关资料，并结合市场流行，以达到实用性、可操作性、艺术性兼顾的目的。

这是一本让学生了解造型巧克力制作的教材，是长春新东方烹饪学校西点教研组几位编写者根据多年来的巧克力制作经验和一线教学经验的提炼总结，具有非常高的价值。在编写过程中得到了院校的大力支持，在此表示衷心的感谢。

由于在教材编写方面我们还缺乏足够的经验，书中不妥与错误之处在所难免，敬请广大读者指正。

目　录

CONTENTS

制作篇

目 录

CONTENTS

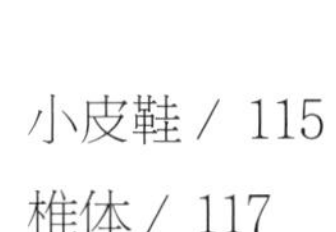

制作篇

第一章　认识巧克力

第一节 / 巧克力简介

巧克力的起源与发展

巧克力是 Chocolate 的译音（也被译为“朱古力”），主原料是可可豆（像椰子般的果实，在树干上会开花结果）。巧克力的起源很早，1 300 多年前，约克坦玛雅印第安人用焙炒过的可可豆做了一种饮料叫 chocolate, 墨西哥阿兹台克人战胜了玛雅人，从他们那里学到了制作 chocolate 的有关知识。墨西哥极盛一时的阿斯帝卡王朝最后一任国王孟特儒 ，是一个非常崇拜巧克力的人，喜欢将辣椒、番椒、香草豆和香料添加在这种饮料中，打磨起泡，并以黄金杯子每天喝 50 毫升。当时它属于宫廷饮料，学名为 Theobroma，有“众神的饮料”之意。当时它也被视为贵重的强心、利尿药剂，对胃液中的蛋白质分解酵素具有活化的作用，可帮助消化。

哥伦布发现新大陆之后，于 1502 年首次将可可豆带回西班牙。此后，欧洲殖民者在侵略掠夺拉丁美洲时，也对可可豆产生了极大的兴趣。1516 年，西班牙殖民军统帅费尔南德高尔斯在给西班牙国王的报告中写到：在墨西哥广大地区上出产着一种可可豆，谁要是喝上一杯这种饮料，就足以使人在整天的行军中精神饱满。他还奉献给国王一盒精致的可可粉。国王还特地为品尝可可粉而举办了一场宴会，但和与会的人员一致认为这种“苦水”难以下咽。再后来在 1526 年，西班牙探险家科尔特斯将可可豆带回西班牙，献给当时的国王，使欧洲人视它为迷药，掀起一股狂潮。但西班牙人让巧克力“甜”起来了，他们将可可粉及香料混合在蔗汁中，形成了香甜饮料。 一位名叫拉思科的商人，因为经营可可饮料而发了大财。他采用浓缩、烘干等办法，成功地生产出了固体状的可可饮料。由于可可饮料是从墨西哥传来的，在墨西哥土语里叫“巧克拉托鲁”，因此，拉思科将他的固体状可可饮料称为“巧克力特”。拉思科发明的巧克力特就是第一代巧克力。西班牙人严格保密可可饮料的配方，对巧克力特的配方也守口如瓶。直到 1763 年，一位英国商人才成功地获得了配方，将巧克力特引进英国。英国生产商根据本国人的口味，在原料里增加了牛奶和奶酪，于是奶油巧克力诞生了。奶油巧克力是第二代巧克力。当时，巧克力的味道虽说不错，但和现在的口感无法相比。这是因为可可粉中含有油脂，无法与水、牛奶等融为一体，因此巧克力的口感不爽滑。1828 年，荷兰的万 · 豪顿（Van Houten）将其脂肪除去 2/3，做成容易饮用的可可饮料。从那以后，可可饮料风靡整个西班牙。经过脱脂处理后生产出来的巧克力爽滑细腻、口感极佳，是第三代巧克力，也就是我们现在看到的巧克力。

巧克力在中国发展的历史有 50 多年，规模生产从 20 世纪 70 年代开始，快速发展从 20 世纪 90 年代开始，到目前为止生产量还不是很大。巧克力的发展是和生活水平相关的，近几年国家的人均收入逐步提高，今后 3~5 年应该是我国巧克力发展比较迅速的阶段。另外，巧克力是一种具有深厚文化的产品，例如情侣文化、健康文化、礼品文化。巧克力是非常个性化的食品，它可以延伸出很多人们对物质生活水平和精神生活水平的需求。巧克力的魅力在于它

融合了甜、苦、还有涩味，它的味道代表了生活的体验。

目前国产巧克力品牌少、口味单一，存在巧克力加工设备选型不当、配套设施不全，产品开发力量薄弱、产品更新换代慢等问题。

巧克力的种类

因为巧克力在制作过程中所添加的成分不同，所以造就了它多变的面貌。市面上的纯脂巧克力依照国标 GB/T 19343 可分为黑巧克力 (Dark Chocolate 或纯巧克力)，总可可固形物≥ 30%；牛奶巧克力 (Milk Chocolate)，总可可固形物≥ 25% 及总乳固体≥ 12%；白巧克力 (White Chocolate)，可可脂≥ 20% 及总乳固体≥ 14%。巧克力中的非可可植物脂肪添加含量不得超过 5%。

1. 黑巧克力

黑巧克力是喜欢品尝“原味巧克力”人群的最爱。因为不含或含有少量牛奶成分，通常糖类含量也较低。其可可的香味没有被其他味道所掩盖，在口中融化之后，可可的芳香会在齿间四溢许久。甚至有些人认为，吃黑巧克力才是吃真正的巧克力。通常，高档巧克力都是黑巧克力，具有纯可可的味道。因为可可本身并不具甜味，甚至有些苦，因此黑色巧克力较不受大众欢迎。食用黑巧克力可以提高机体的抗氧化剂水平，有利于预防心血管疾病、糖尿病、低血糖的发生。

2. 牛奶巧克力

牛奶巧克力是在黑巧克力的基础上添加一定量牛奶的成分，口感非常好，深受人们喜爱。长期以来，牛奶巧克力以它的口感均衡而受到消费者的喜爱，也是世界上消费量最大的一类巧克力产品。瑞士、比利时和英国是牛奶巧克力的主要生产国。他们

往往采用混合奶粉工艺，具有一种类似干酪的风味。相对于黑巧克力，牛奶巧克力的可可味道更淡、更甜蜜，也没有油腻的口感。好的牛奶巧克力产品，应该是可可与牛奶之间的香味达到一个完美的平衡，类似于两个恋人之间既依恋又独立的微妙关系。

吃牛奶巧克力有助于增强脑功能，尤其是帮助大脑集中注意力。因为牛奶巧克力中含有很多起刺激作用的物质，例如可可碱、苯乙基及咖啡因等，这些物质可以增强大脑的活力，让人变得更机敏，增强注意力。

3. 白巧克力

白巧克力因为不含有可可粉，只有可可脂及牛奶，因此为白色。此种巧克力仅有可可的香味，口感上和一般巧克力不同，也有些人不将其归类为巧克力。由于可可含量较少，糖类含量较高，白巧克力的口感较甜。

4. 其他

彩色巧克力是以白巧克力为基料，添加食用色素（天然色素或者人工合成色素），经配料、精磨、调温、浇模成型等一系列工序加工而成的，在膨化食品巧克力涂层、冷饮巧克力涂层、花色巧克力等方面有广泛应用。

Single origin 指完全没有牛奶及其他成分，可可来源单一的巧克力，是仅使用特定地区或者国家出产的可可豆生产的巧克力 。

蛋白巧克力是以可可制品、植物蛋白等为原料，经混合、乳化等工序制成的，既具有可可营养价值，又具有植物蛋白营养价值，热量低，蛋白质含量高。

第二节 / 制作巧克力装饰品的常用设备与工具

机器设备

空调，用于调节室内温度

冷藏柜，主要用于巧克力降温，使巧克力脱模

巧克力恒温机，用于融化巧克力，并使巧克力保存在设定温度

大理石操作台，使巧克力不发生粘连的情况

巧克力喷砂机

工具

巧克力铲花的必要工具

主要用于巧克力淋面

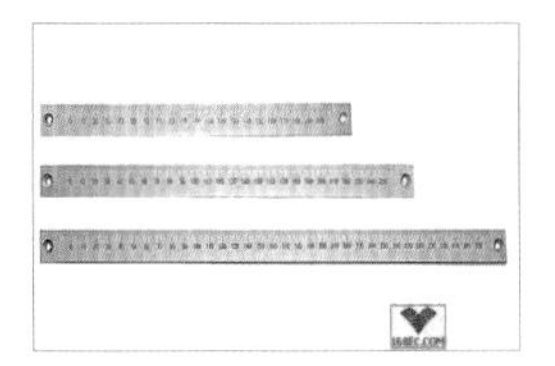
量取巧克力的尺寸

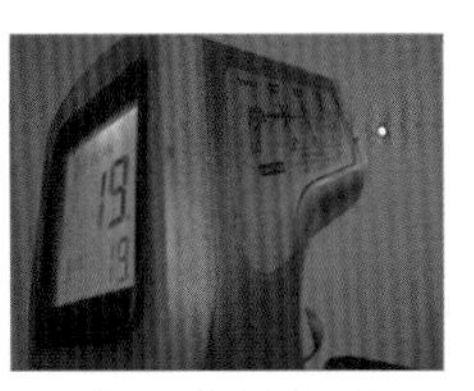
测量巧克力的温度

亚克力模具，用于制作各种造型类巧克力

转印纸，可将花纹转印在巧克力上

用于巧克力的盛取

抹平巧克力的工具

制作各种造型巧克力的硅胶模具

喷火枪，用于加热大理石以及慕斯的脱模

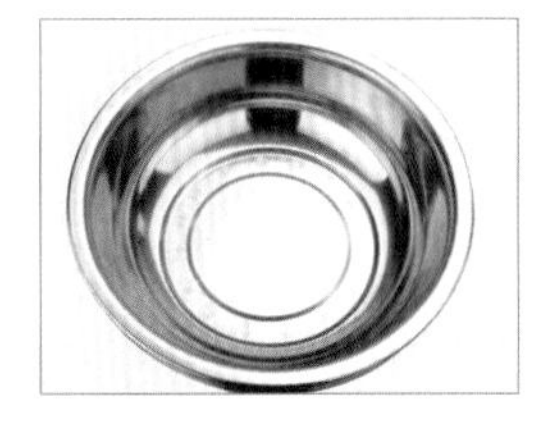
盛装巧克力浆的工具

主要用于巧克力的搅拌

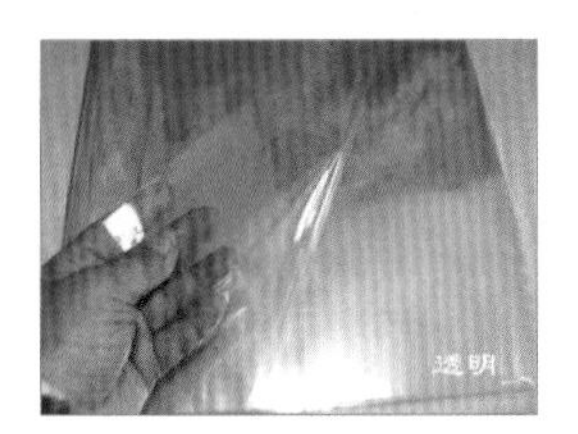

用于制作立体曲线造型的工具

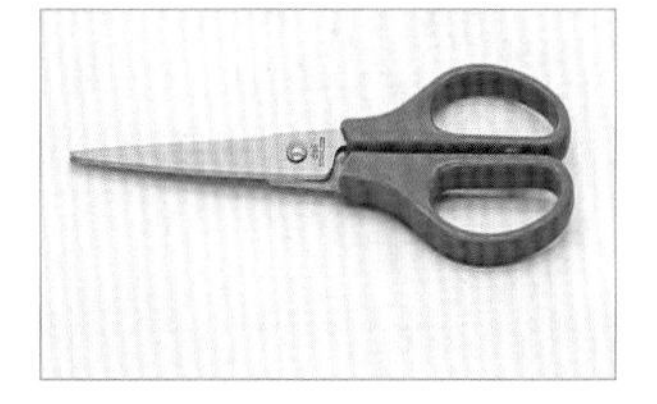
用于裱花袋用品的裁剪以及其他

盛装巧克力

用于制作平面几何图案

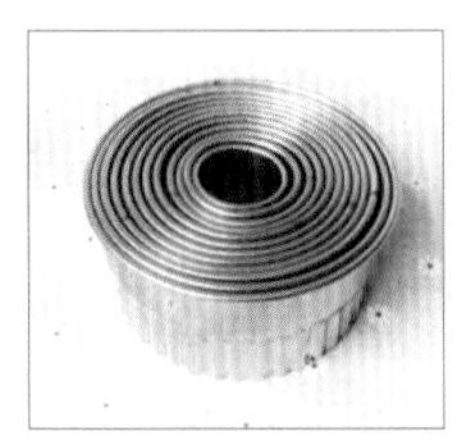
用于制作平面圆形等图案

第三节 / 巧克力的调温与上色

巧克力调温的目的

固体巧克力的诱人外观和完美光泽是巧克力中脂肪（可可油）准确结晶的结果。可可油本身能够自然结晶出不同的形状，但只有在最高熔点（35℃ ~36℃）结晶形成的才是稳定的。调温是一个使所有可可油形成稳定结晶体的过程，从而保证可可油的有效收缩，并让巧克力容易从模具或塑料板上移开，这样制作出来的巧克力坚硬、有光泽、断开时有脆响。在正宗的巧克力中，唯一的脂肪是可可油。这种脂肪是由人眼无法看到的成百上千万的细小结晶组成的。巧克力调温的目的在于确保这些结晶的准确形成，从而保证上乘的质量和呈现最好的巧克力成品外观。控制正确的巧克力温度是形成这种晶体的至关重要的因素。因此，制作者必须认真遵从这些方法，从而确保巧克力拥有良好的收缩质量，同时也可使巧克力成品有更长的保质期。如果没有进行调温，不是在最佳的状态下凝固，调温巧克力的凝固时间会延长，且会形成没有光泽又粗糙的表面，再放置 2 ~ 3 天后，可可脂会在表面显露出白色，好像长了斑点一样，就是所谓的“白霜现象”。此外若使用模型制作，巧克力会比较难以顺利脱模，完全失去巧克力凝固、收缩、光泽的三个特质。

巧克力调温的方法是先加热巧克力，高温让所有结晶体完全融化，接着降温，让熔点高的结晶体再次结晶化，而熔点低的结晶体则继续维持液体状。然后再次加热，但这次只要稍微加热即可，让安静的结晶逐渐增加，具有光泽且质地顺滑的调温巧克力就完成了。调温失败的话，巧克力就无法顺利成型。这就是为什么制作巧克力装饰件时，最不可缺少的就是调温技术。

巧克力调温的方法

1. 大理石调温法（将融化的巧克力均匀倒在大理石工作台的调温法）

（1）将大理石工作台的温度、室内的温度调成一致，保持为 22℃左右。

（2）将加热至 50℃的融化巧克力备好，取三分之二的量均匀倒在大理石工作台上。

（3）用抹刀将巧克力推开摊平，抹刀要尽量摊到巧克力中去，否则容易有空气进去。

（4）反复摊平，当巧克力表面变得不再光亮，移动抹刀会产生褶皱时，就表示巧克力开始结晶。

（5）当巧克力降温至 27℃时，将巧克力再次集中倒入刚才留有三分之一的巧克力盆中。

小贴士：巧克力融化的温度是 45℃ ~50℃，冷却温度是 27℃，最佳使用温度是 31℃ ~32℃，上限是 34.5℃，调温过后的巧克力一定要进行保温，并保持流动，因为表面会受室温影响，容易凝固。为了保持温度一致，需要进行搅拌。

（6）用刮刀轻轻搅拌，让温度再调至 32℃左右。

2. 水冷法（用冷水将巧克力降温再加热提高温度的方法）

（1）在不锈钢盆中放入少量的冷水和冰块，将装有融化至 50℃的巧克力放入盆中。

（2）用刮刀搅拌，使巧克力降温，搅拌时动作幅度不要过大，以防止水溅入巧克力盆中。

（3）盆四周的巧克力容易凝固，所以要小心持续搅拌，不要让巧克力结块。

（4）先将巧克力温度下降至 27℃，然后再提升巧克力温度至 32℃左右，巧克力调温完成。

3. 种子法（在融化的巧克力中加入固体状巧克力以调整温度的方法）

（1）将巧克力融化至 50℃，再放入没有融化的巧克力。

（2）用刮刀将巧克力充分搅拌，使融化的巧克力能够使未融化的巧克力软化。

（3）用搅拌机搅拌，搅拌至巧克力温度为 32℃。

巧克力上色的方法

巧克力上色时，通常采用食用色粉或者是掺有食用色素的彩色可可脂。

（1）刷色：将食用色粉直接涂抹在巧克力上，毛刷的毛要软一点比较好

（2）涂抹：将彩色可可脂滴在模型上，然后用手指均匀地涂抹在模型内侧，再接着倒入巧克力，待凝固后脱模，巧克力着色完成。

（3）以喷枪的方式上色。在模型内侧喷上一层薄薄的色素，然后倒入巧克力，待巧克力凝固后脱模，色素就粘在了巧克力上。

（4）直接喷色：将彩色可可脂融化至 30℃后，放入喷枪中进行喷色。如果想再加入其他颜色，可以等干了之后再进行喷色。

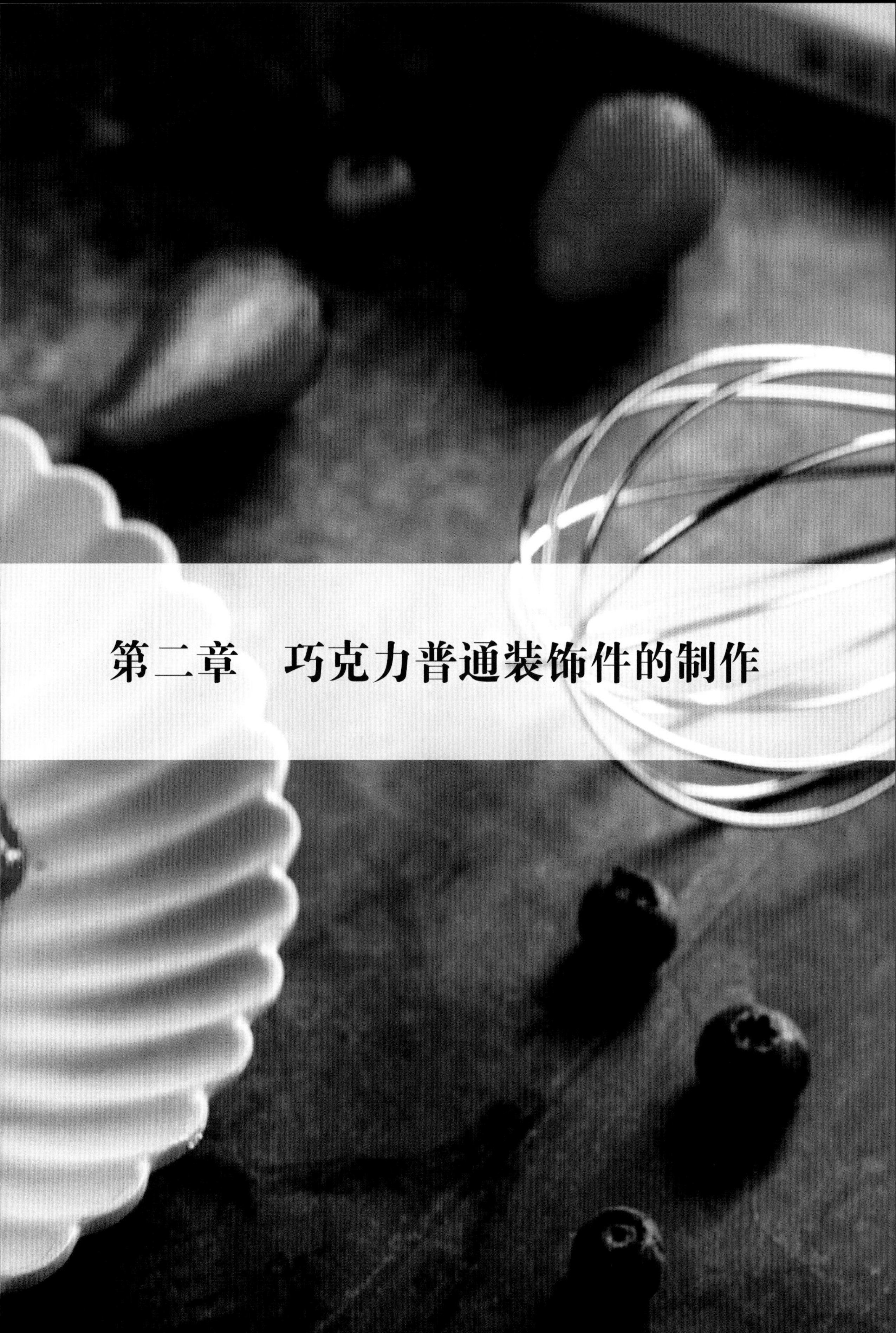

第二章　巧克力普通装饰件的制作

第一节 / 平面几何图形

正方形

工艺流程

1 将融化好的巧克力倒在硅胶巧克力模板上

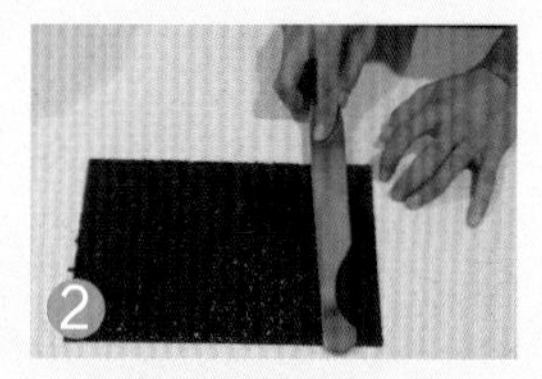

2 用抹刀将巧克力均匀地抹在硅胶巧克力模板上

3 将巧克力自然晾干，直到巧克力不会粘在手指上

4 将模板进行脱模，注意此时的巧克力比较脆，不要把巧克力弄碎

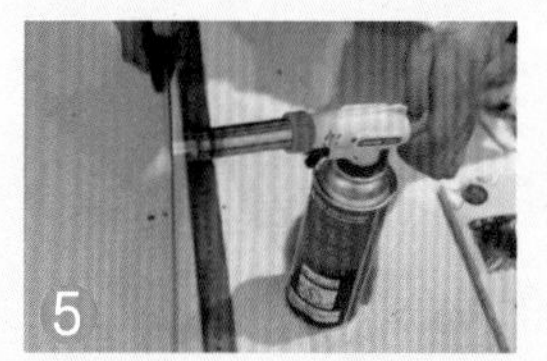

5 准备好直尺，用喷火枪加热切刀

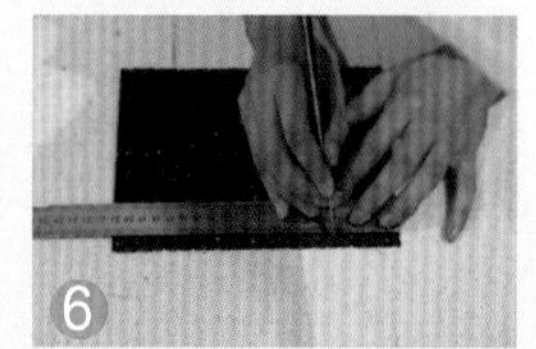

6 用直尺在巧克力板上量出 5 厘米的宽度

7 用切刀按照刻度做出长方形

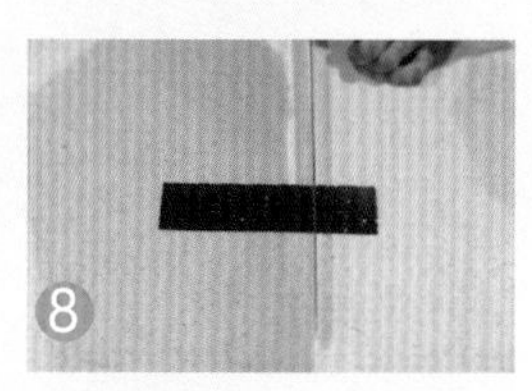

8 在长方形巧克力上切出 5 厘米的正方形

9 在正方形巧克力上均匀地刷上金色色粉

10 放在平面上，就做好了正方形巧克力装饰片

用　　途

正方形是基础的简单造型，其成品多作为蛋糕装饰、甜品装饰等。

主要准备工具

切刀

直尺

巧克力铲刀

抹刀

硅胶巧克力模板

操作注意事项

1. 制作巧克力前需将大理石板均匀预热到与室温相同的 22℃，巧克力温度控制在 27℃左右。

2. 推动巧克力料浆的手力需均匀，手速快可避免巧克力与冷空气接触使表面凝结导致粗糙。

3. 做好的巧克力尽可能地不要徒手接触，避免表面光泽度下降。

三角形

工艺流程

将融化好的巧克力倒在模板上

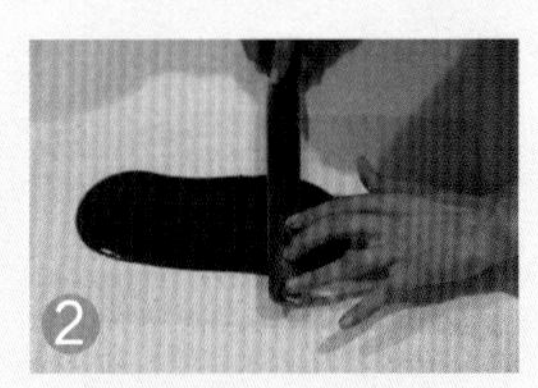

用抹刀将巧克力抹匀

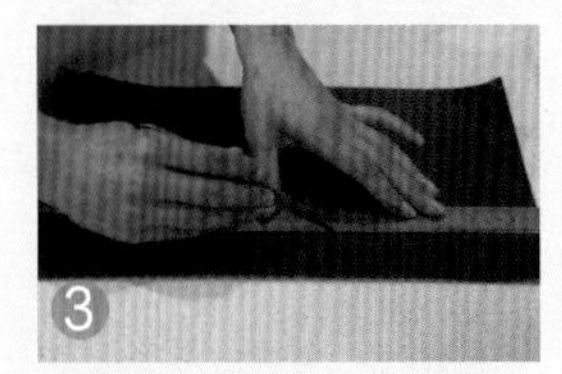

待巧克力晾干至表面不粘手后，用直尺切出 5 厘米宽的长方形

按照对角线原理均匀地切出三角形

巧克力凝固后，撕开 OPP 底纸

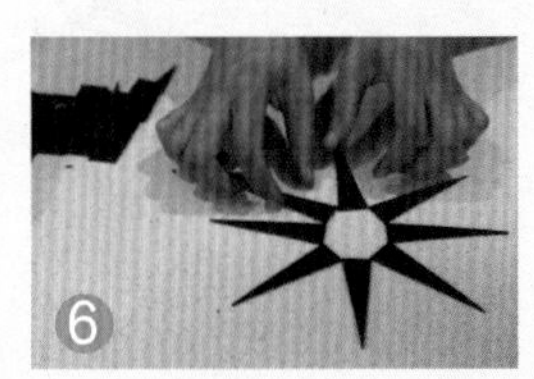

在巧克力三角形上均匀地刷上色粉

放在平面上，平面巧克力三角形就做好了

用　　途

三角形是基础的简单造型，其成品多作为蛋糕装饰、甜品装饰等。

主要准备工具

直尺

抹刀

OPP 底纸

切刀

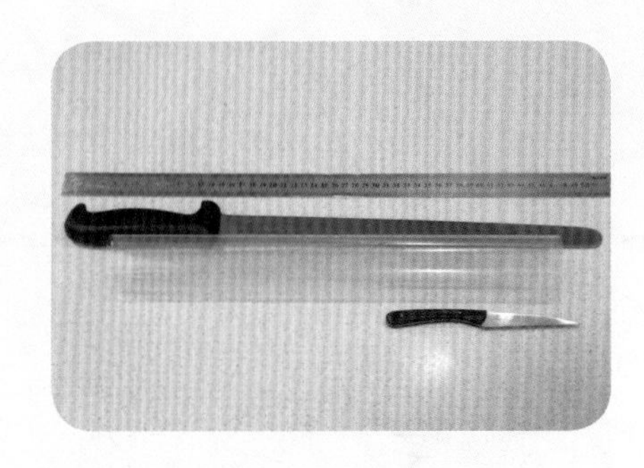

操作注意事项

1. 制作巧克力前需将大理石板均匀预热到与室温相同的 22℃，巧克力温度控制在 27℃左右。
2. 推动巧克力料浆的手力需均匀，手速快可避免巧克力与冷空气接触使表面凝结导致粗糙。
3. 做好的巧克力尽可能地不要徒手接触，避免表面光泽度下降。

圆形

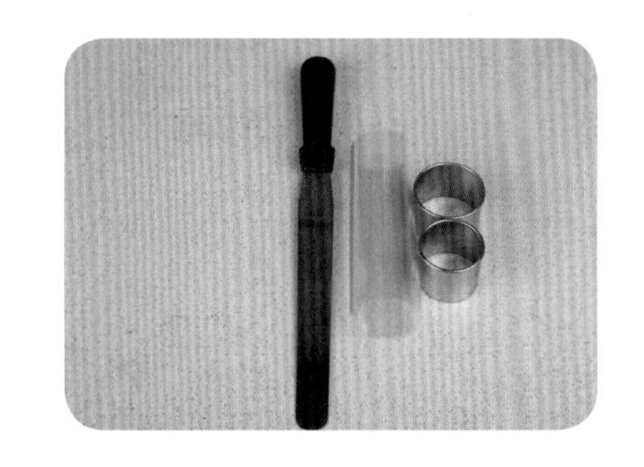

用　　途

圆形是基础的简单造型，其成品多作为蛋糕装饰、甜品装饰等。

主要准备工具

抹刀

OPP 底纸

圆形模具

工艺流程

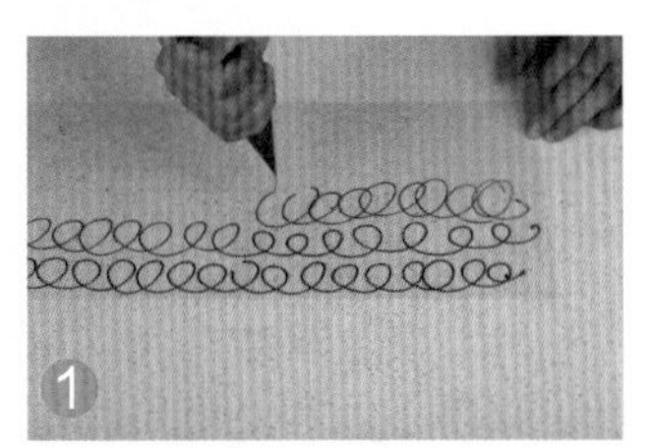

将融化好的黑巧克力不规则地画在 OPP 底纸上

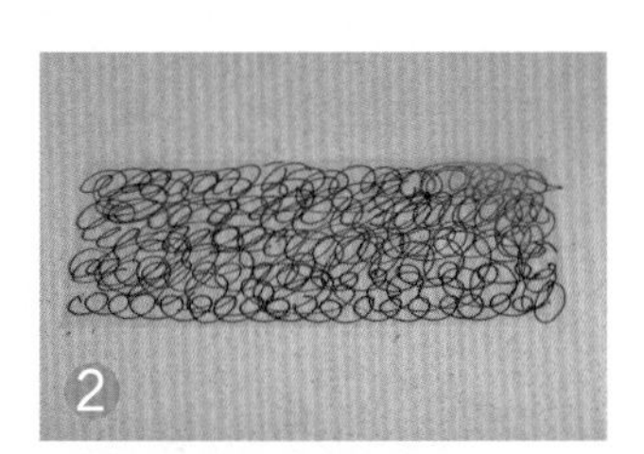

将黑巧克力晾至表面凝固

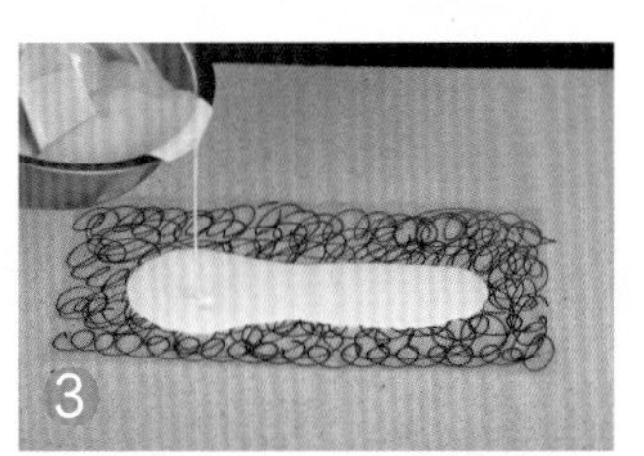

继续在 OPP 底纸上倒入白巧克力，并用抹刀涂抹均匀

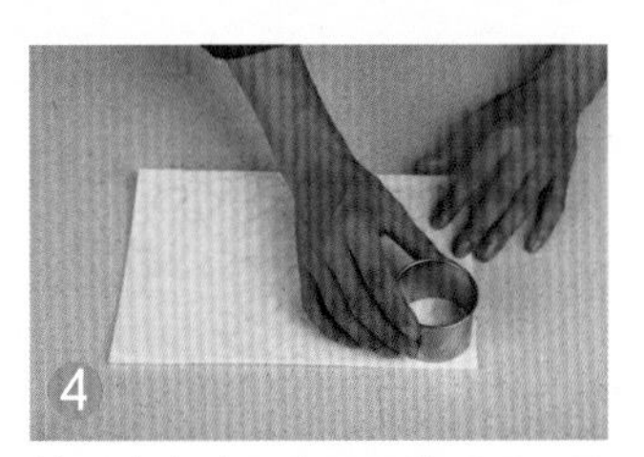

待巧克力晾至表面不粘手后，用圆形模具在巧克力板上刻出圆形

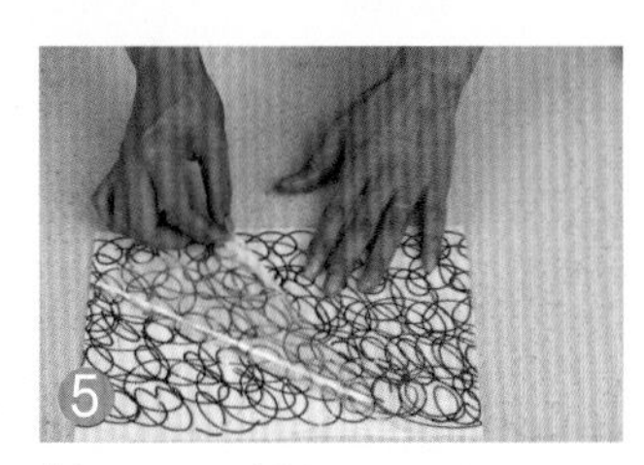

撕下 OPP 底纸

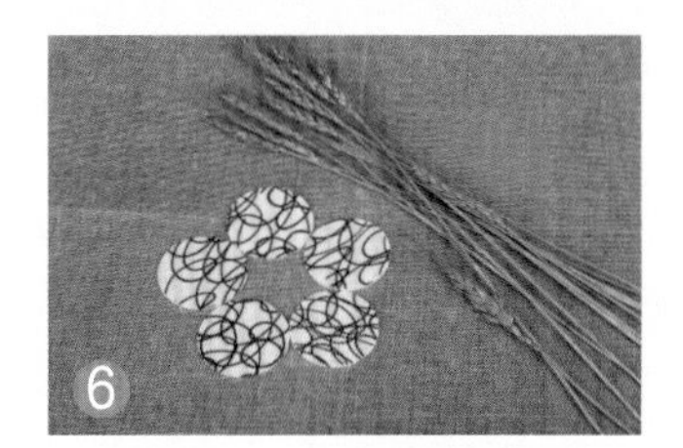

放在平面上，圆形巧克力就做好了

操作注意事项

1. 制作巧克力前需将大理石板均匀预热到与室温相同的 22℃，巧克力温度控制在 27℃左右。
2. 推动巧克力料浆的手力需均匀，手速快可避免巧克力与冷空气接触使表面凝结导致粗糙。
3. 做好的巧克力尽可能地不要徒手接触，避免表面光泽度下降。

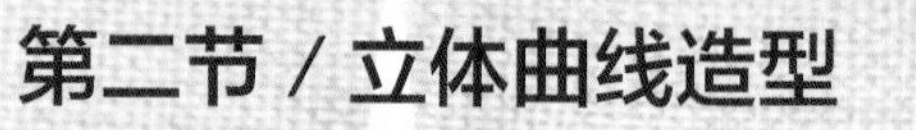

第二节 / 立体曲线造型

风车叶片

用　途

成品多用于蛋糕装饰、甜品装饰等。

主要准备工具

擀面杖

OPP 底纸

抹刀

小刀

工艺流程

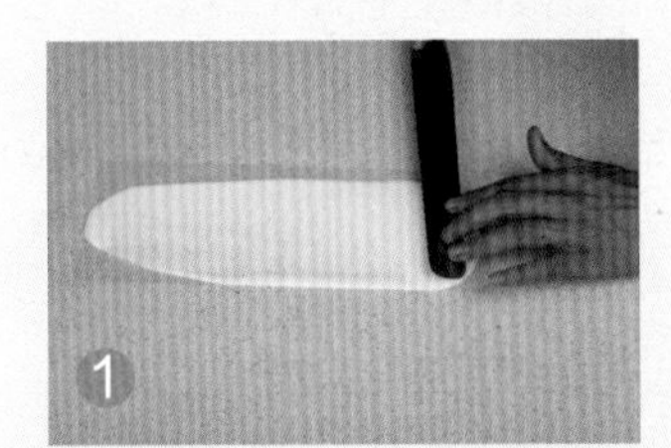

1. 将融化好的白巧克力均匀地抹在 OPP 底纸上

2. 用小刀划出长三角形，注意不要划到底下的 OPP 底纸

3. 待巧克力表面凝固至不粘手且没有完全凝固时，将擀面杖放在 OPP 底纸的角落卷起来，放入冰箱中凝固

4. 待巧克力完全凝固后，撕下 OPP 底纸

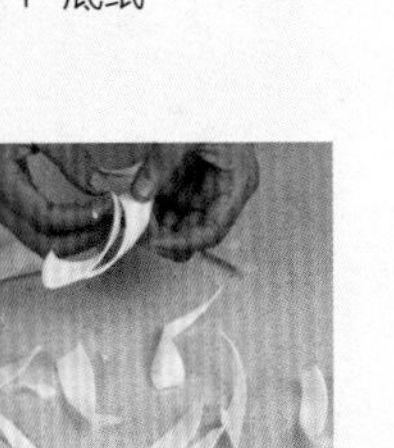

5. 按照划刀的痕迹，将巧克力卷分离

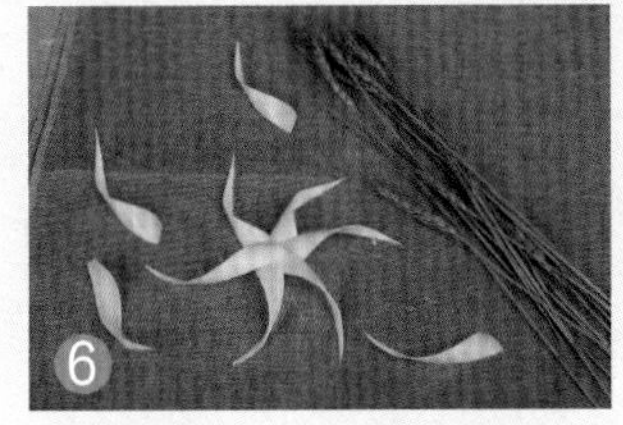

6. 放在平面上，立体的风车叶片就做好了

操作注意事项

1. 制作巧克力前需将大理石板均匀预热到与室温相同的 22℃，巧克力温度控制在 27℃左右。
2. 推动巧克力料浆的手力需均匀，手速快可避免巧克力与冷空气接触表面凝结导致粗糙。
3. 快速分割后要趁巧克力未完全凉透时定型制作弧度。
4. 做好的巧克力尽可能不要徒手接触，避免表面光泽度下降。

黑色方形瓦片

工艺流程

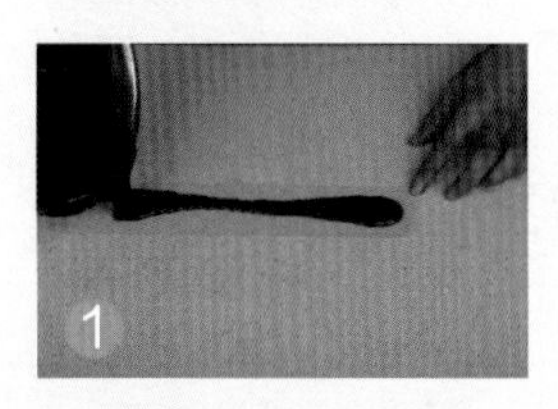

将融化好的黑巧克力倒在OPP底纸上

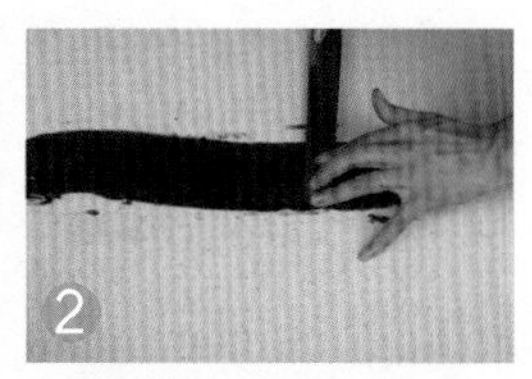

用抹刀均匀地将巧克力抹平，将OPP底纸取下来，用巧克力铲刀铲除多余的巧克力

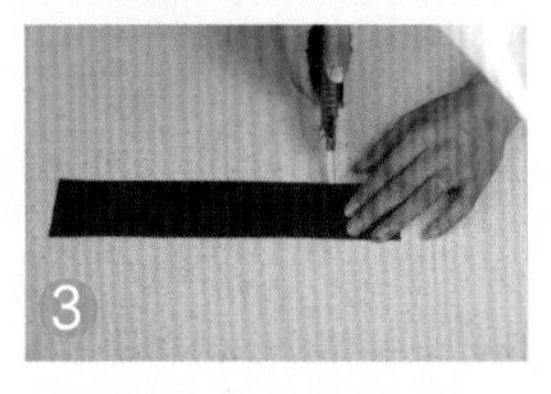

用小刀在巧克力的表面划出正方形

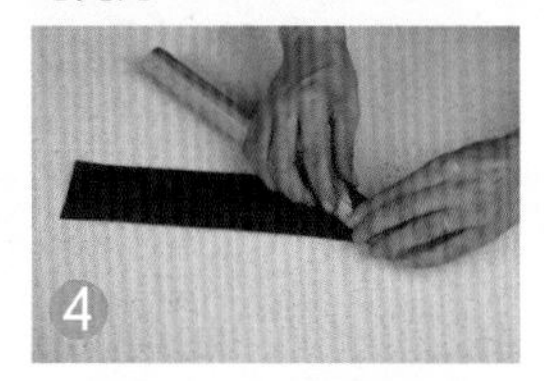

待巧克力表面不粘手且不完全凝固时，将擀面杖从OPP底纸的一脚卷起

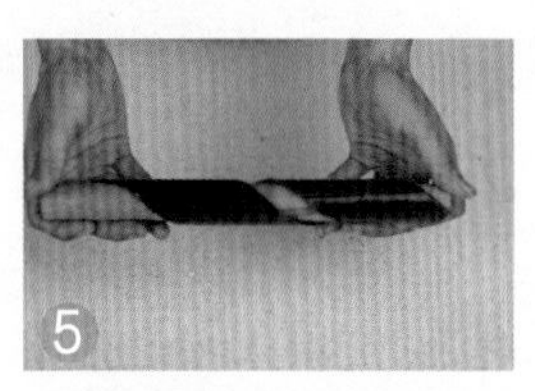

待全部卷起后，放入冰箱冷冻至凝固

待巧克力完全凝固后，撕下OPP底纸

放在平面上，立体状的黑色方形瓦片巧克力就做好了

用　　途

成品多用于蛋糕装饰、甜品装饰等。

主要准备工具

擀面杖

小刀

OPP底纸

抹刀

巧克力铲刀

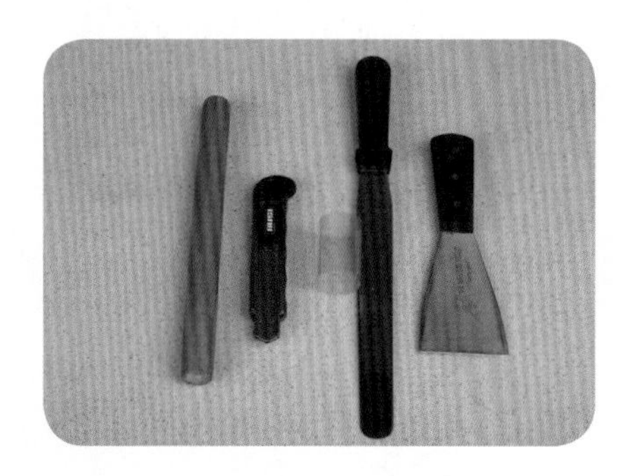

操作注意事项

1. 制作巧克力前需将大理石板均匀预热到与室温相同的22℃，巧克力温度控制在27℃左右。
2. 推动巧克力料浆的手力需均匀，手速快可避免巧克力与冷空气接触表面凝结导致粗糙。
3. 快速分割后要趁巧克力未完全凉透时定型制作弧度。
4. 做好的巧克力尽可能不要徒手接触，避免表面光泽度下降。

黑色圆形瓦片

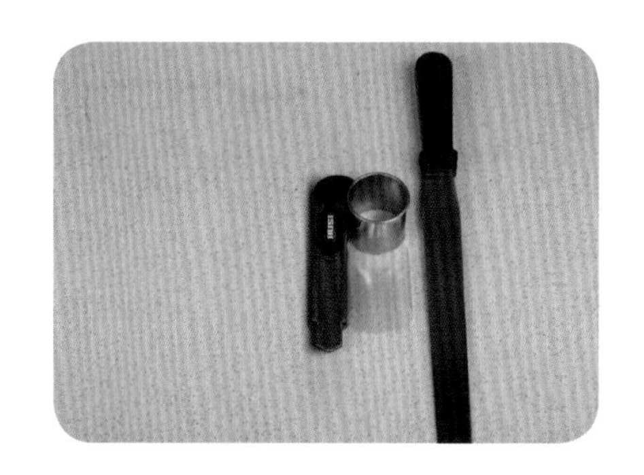

用　　途

成品多用于蛋糕装饰、甜品装饰等。

主要准备工具

小刀

OPP 底纸

圆形模具

抹刀

工艺流程

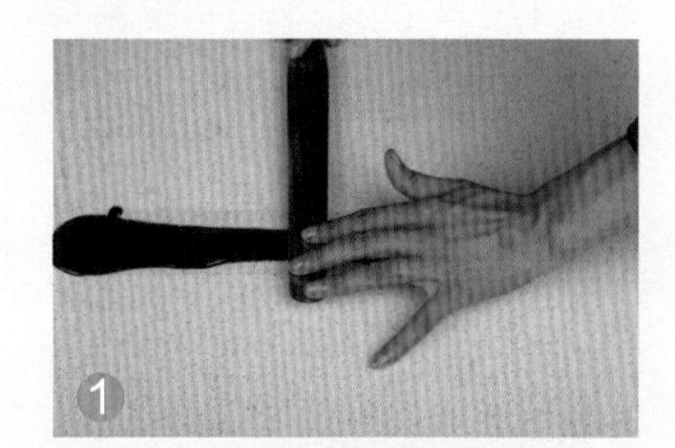

用抹刀将巧克力抹匀

待巧克力表面凝固后，用圆形模具和小刀刻出大小一致的圆形

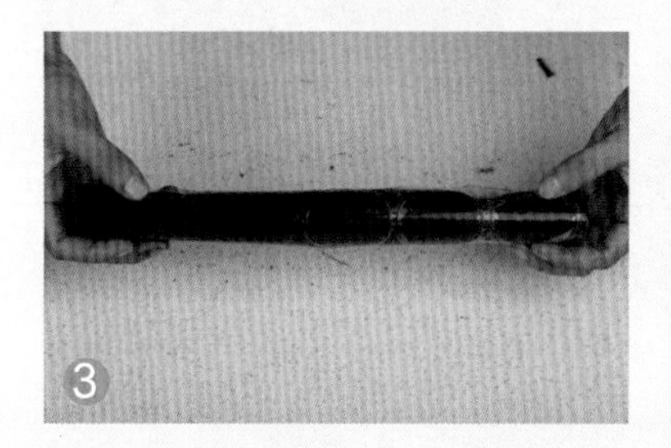

将巧克力按照OPP底纸长边进行卷起，等待巧克力完全凝固

撕下 OPP 底纸，放在平面上，立体状的黑色圆形瓦片就做好了

操作注意事项

1. 制作巧克力前需将大理石板均匀预热到与室温相同的 22℃，巧克力温度控制在 27℃左右。
2. 推动巧克力料浆的手力需均匀，手速快可避免巧克力与冷空气接触表面凝结导致粗糙。
3. 快速分割后要趁巧克力未完全凉透时定型制作弧度。
4. 做好的巧克力尽可能不要徒手接触，避免表面光泽度下降。

条纹三角

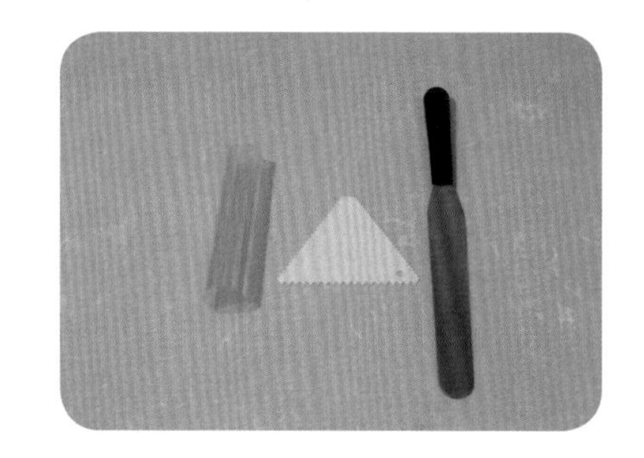

用　　途

其成品多用于蛋糕装饰、甜品装饰等。

主要准备工具

抹刀、玻璃纸、三角锯齿刮片

工艺流程

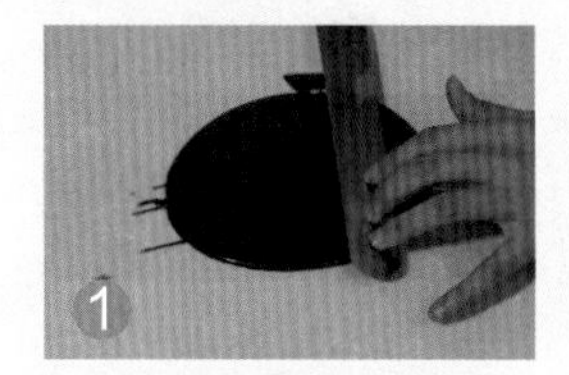

将巧克力铺在调好温度的大理石板上

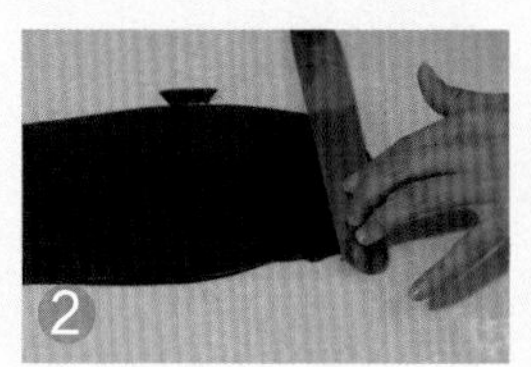

用抹刀将巧克力抹平

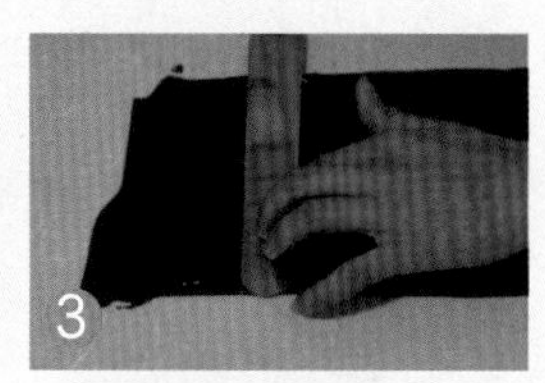

反复涂抹至半凝固状

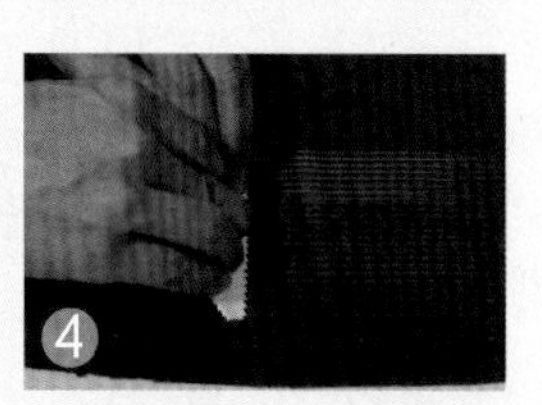

用三角锯齿刮片横划出纹路

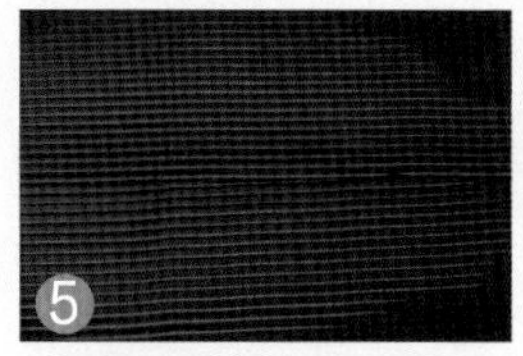

纹路要划透、流畅

用手指在纹路上划出三角形的边缘

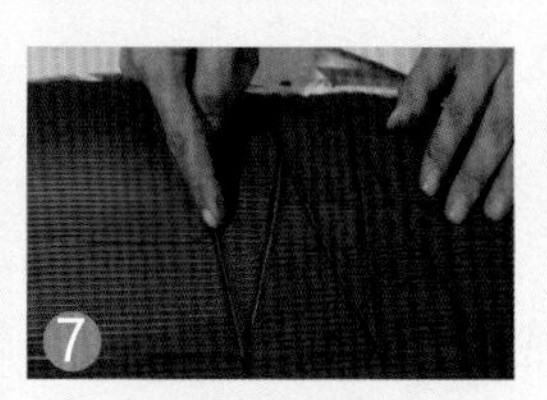

手指在用力的过程中将纹路边缘密封，用指甲划透巧克力、切分巧克力

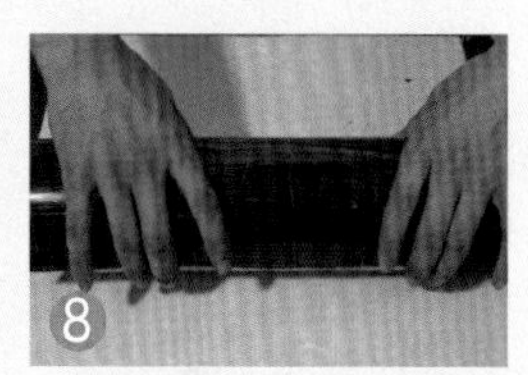

将划好的巧克力卷在玻璃纸做的弧形模具上定型

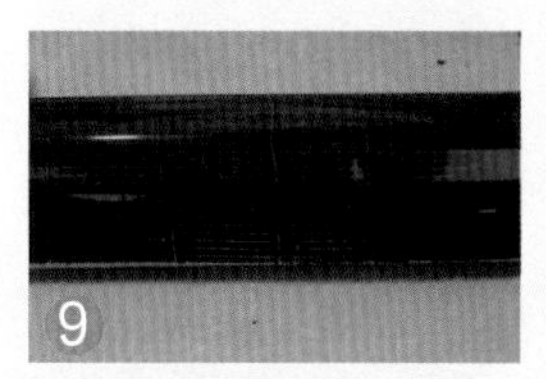

冷却定型期间不要随意挪动

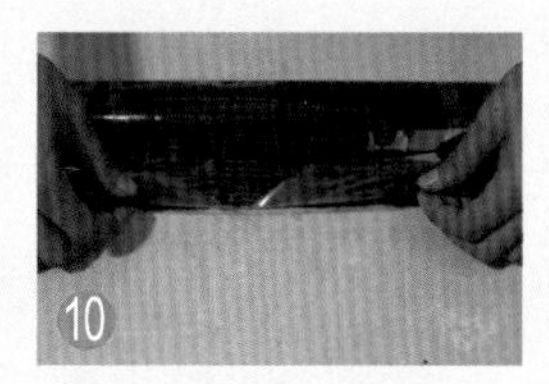

定型后将玻璃纸撕掉

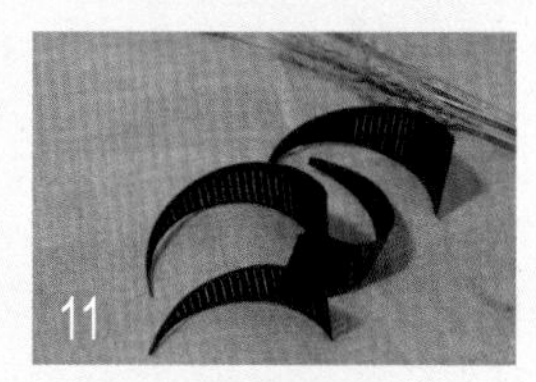

条纹三角形就做好了

操作注意事项

手指切分巧克力时要划透，三角形涂抹得要均匀。

扇形巧克力

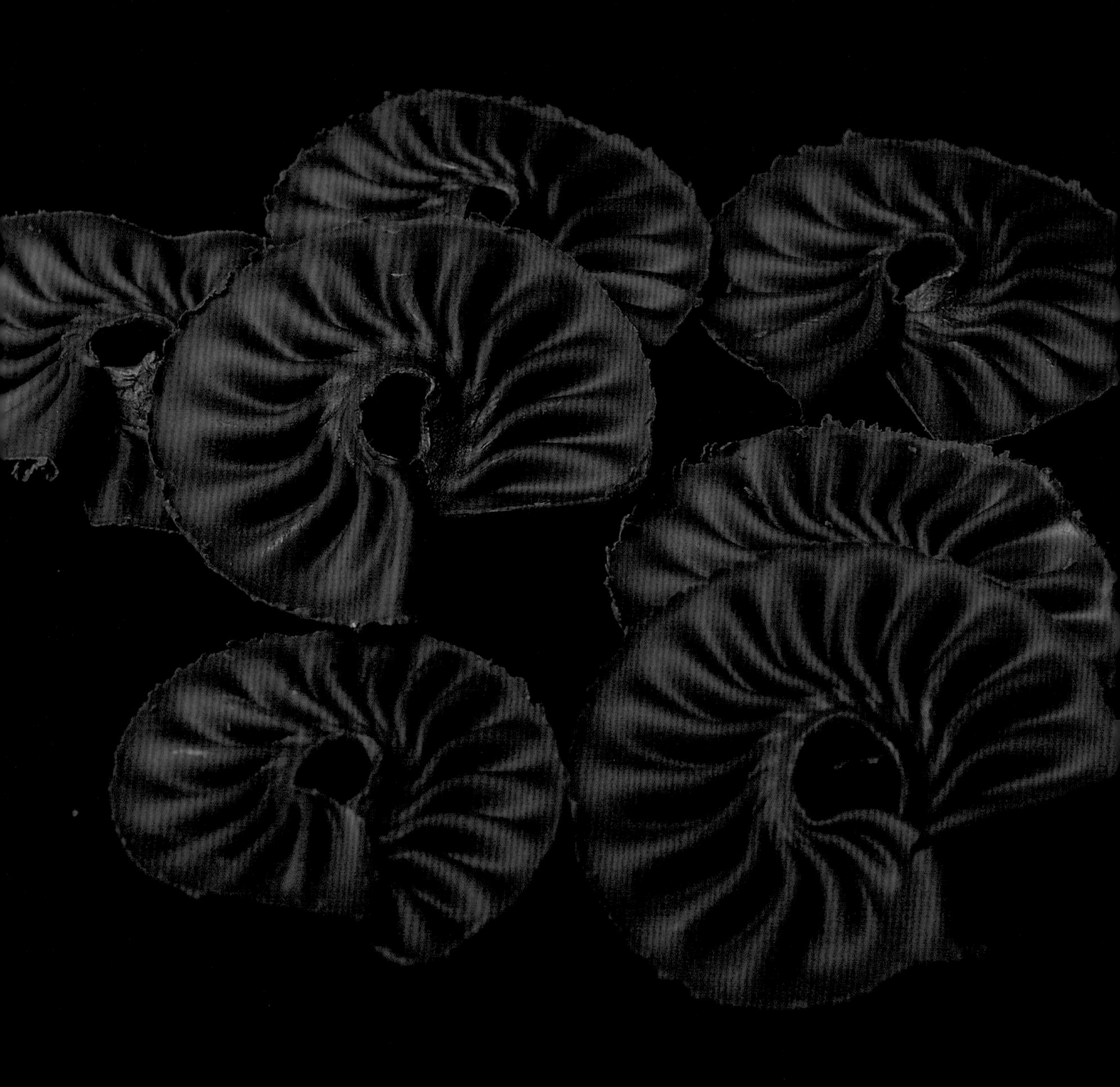

纯黑扇形

用　　途

成品多用于蛋糕装饰、甜品装饰等。

主要准备工具

抹刀

铲刀

工艺流程

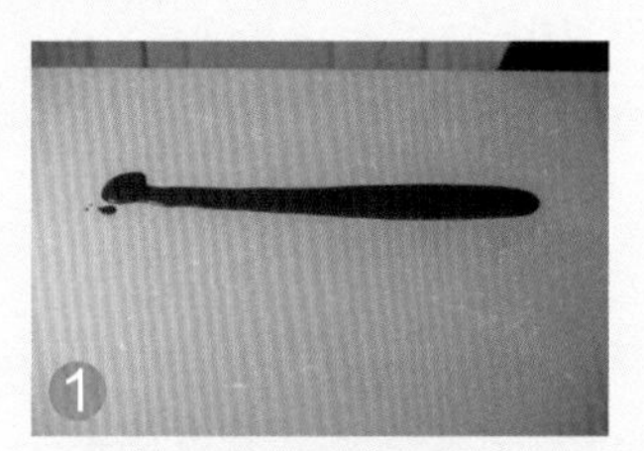

将黑色巧克力涂抹在调温过的大理石板上

将巧克力涂抹均匀

将左手手指抵在铲刀右前端 1.5 厘米处，右手握住刀把

匀速向前推

修饰平整

纯黑扇形巧克力就做好了

操作注意事项

1. 制作巧克力前需将大理石板均匀预热到与室温相同的 22℃，巧克力温度控制在 27℃左右。
2. 铲刀向前推动的力度要均匀，铲出扇形后要趁巧克力柔软时修整形状使其平整。

断裂扇形 

用　　途

成品多用于蛋糕装饰、甜品装饰等。

主要准备工具

抹刀

铲刀

工艺流程

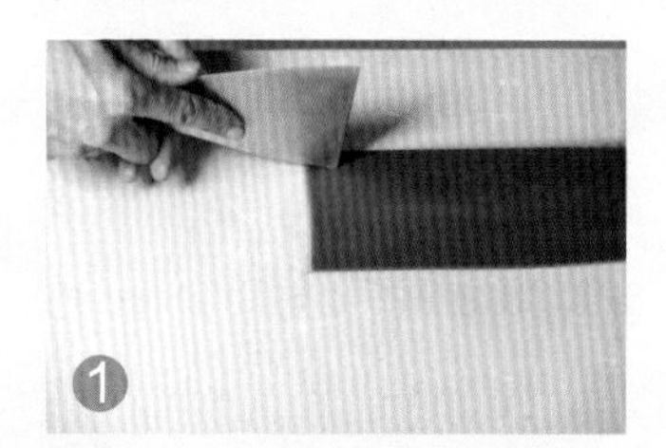

将融化好的黑巧克力涂抹在调好温度的大理石板上，涂抹均匀

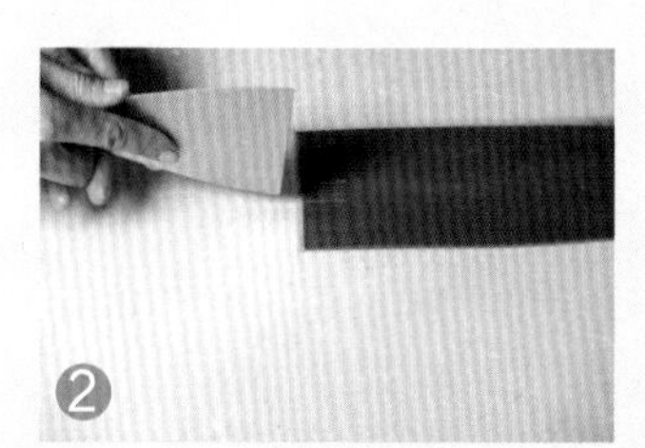

用铲刀划出断口

将左手抵在铲刀右前端 1.5 厘米处，右手握住刀把

匀速向前推

修饰平整，使边缘成半圆形

断裂扇形巧克力就做好了

操作注意事项

1. 制作巧克力前需将大理石板均匀预热到与室温相同的 22℃，巧克力温度控制在 27℃左右。
2. 断裂距离要保持一致。
3. 铲刀向前推动的力度要均匀，铲出扇形后要趁巧克力柔软时修整形状使其平整。

黑白配扇形

工艺流程

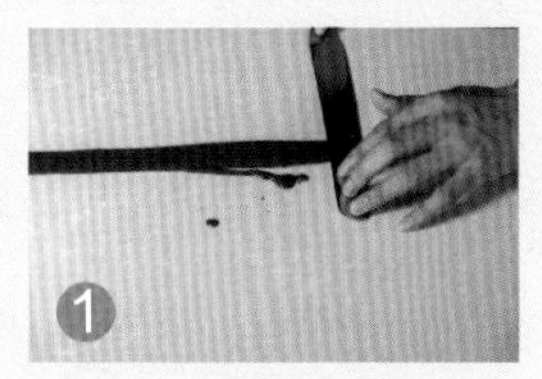

将融化好的黑巧克力涂抹在调好温度的大理石板上

将黑巧克力涂抹均匀

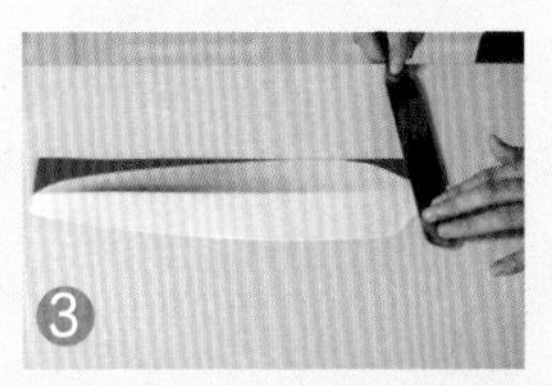

将融化好的白巧克力涂抹在黑巧克力上，涂抹至理想宽度

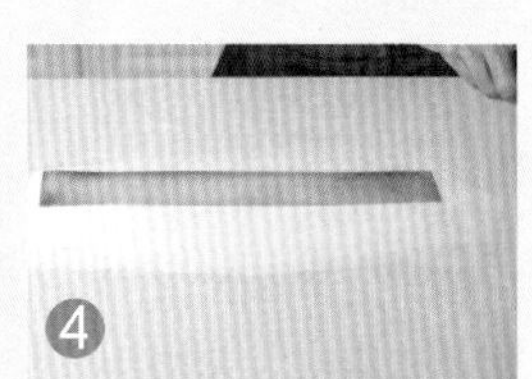

将白巧克力涂抹均匀

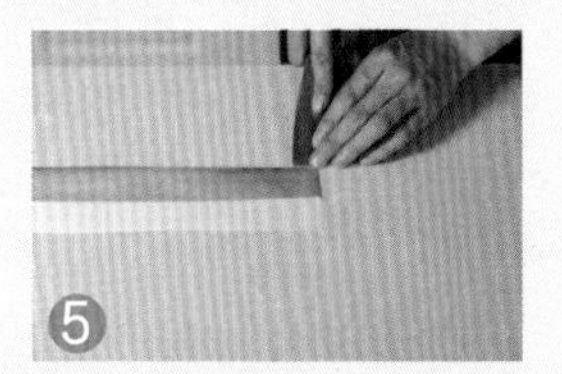

将巧克力的边缘进行修饰

将左手抵在铲刀右前端 1.5 厘米处，右手握住刀把，匀速向前推动

修饰平整，使边缘成半圆形

黑白配扇形巧克力就做好了

用　　途

成品多用于蛋糕装饰、甜品装饰等。

主要准备工具

抹刀

铲刀

操作注意事项

1. 制作巧克力前需将大理石板均匀预热到与室温相同的 22℃，巧克力温度控制在 27℃左右。
2. 黑白巧克力宽度要保持一致。
3. 铲刀向前推动的力度要均匀，铲出扇形后要趁巧克力柔软时修整形状使其平整。

黑色条纹扇形

工艺流程

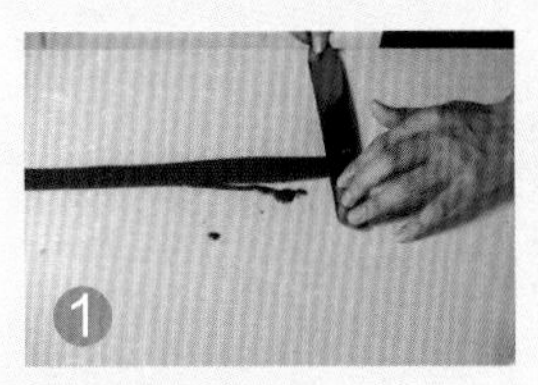

将融化好的黑巧克力涂抹在调好温度的大理石板上

涂抹均匀，并刮出条纹

涂抹至理想宽度

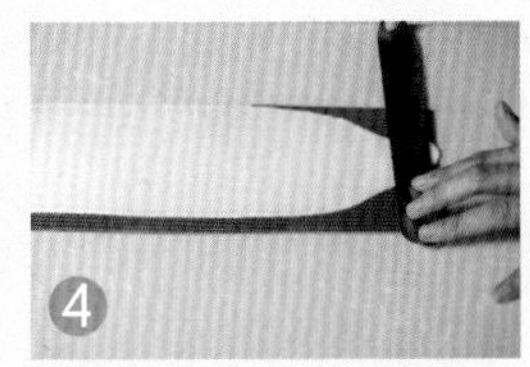

将融化好的白色巧克力涂抹在黑色条纹上

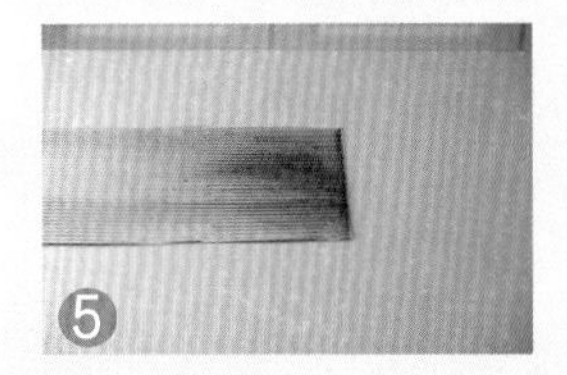

修饰边缘

将左手抵在铲刀右前端 1.5 厘米处，右手握住刀把，匀速向前推动

修饰平整，使边缘成半圆形

黑色条纹扇形巧克力就做好了

用　途

成品多用于蛋糕装饰、甜品装饰等。

主要准备工具

抹刀

铲刀

三角刮片

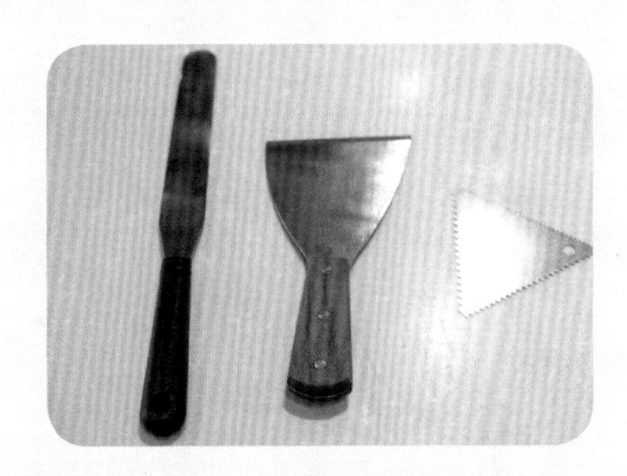

操作注意事项

1. 制作巧克力前需将大理石板均匀预热到与室温相同的 22℃，巧克力温度控制在 27℃左右。

2. 要待黑色条纹凝固后再铺白色巧克力，避免混色。

3. 铲刀向前推动的力度要均匀，铲出扇形后要趁巧克力柔软时修整形状使其平整。

蓝色海洋扇形

工艺流程

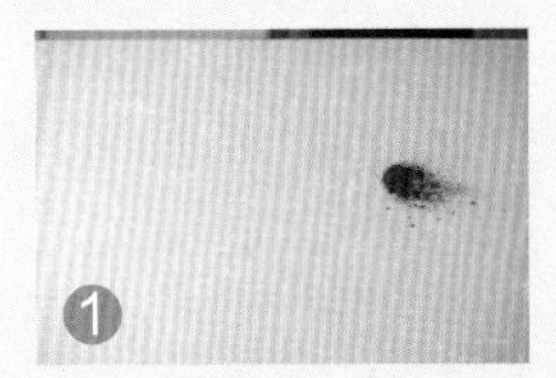

将蓝色色粉撒在大理石案台上

将融化好的白巧克力覆盖住色粉

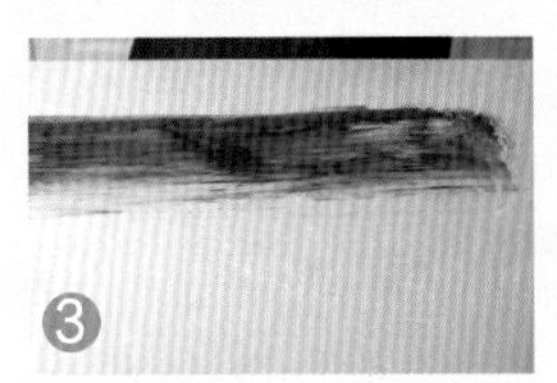

用抹刀将其抹平，使色粉均匀自然

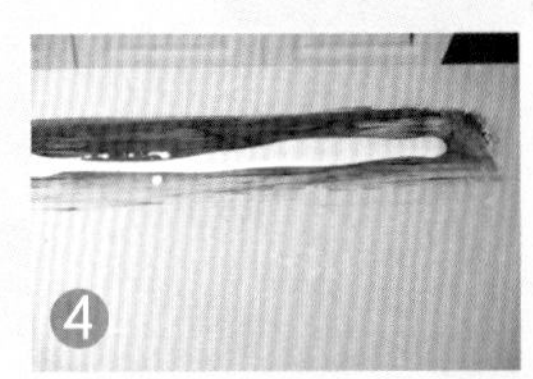

将融化好的白巧克力再次覆盖在有色粉的巧克力上

涂抹均匀

修整边缘

将左手抵在铲刀右前端 1.5 厘米处，右手握住刀把

匀速向前推动

修饰平整，使边缘成半圆形

蓝色海洋扇形巧克力就做好了

用　　途

成品多用于蛋糕装饰、甜品装饰等。

主要准备工具

抹刀

铲刀

操作注意事项

1. 制作巧克力前需将大理石板均匀预热到与室温相同的 22℃，巧克力温度控制在 27℃左右。

2. 要待蓝色花纹凝固后，再铺白色巧克力，避免混色。

3. 铲刀向前推动的力度要均匀，铲出扇形后要趁巧克力柔软时修整形状使其平整。

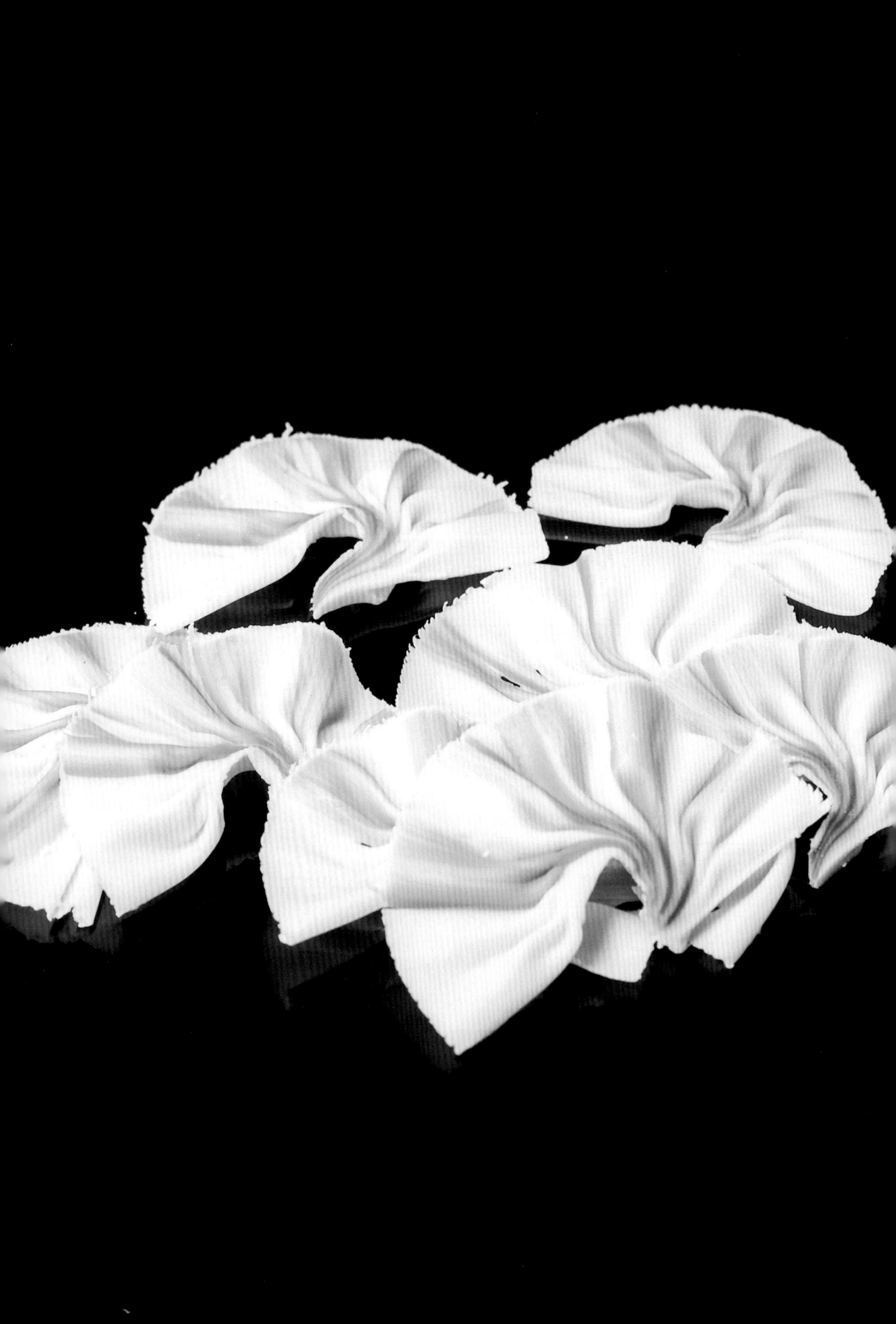

青青草原扇形

用　途

成品多用于蛋糕装饰、甜品装饰等。

主要准备工具

抹刀

铲刀

工艺流程

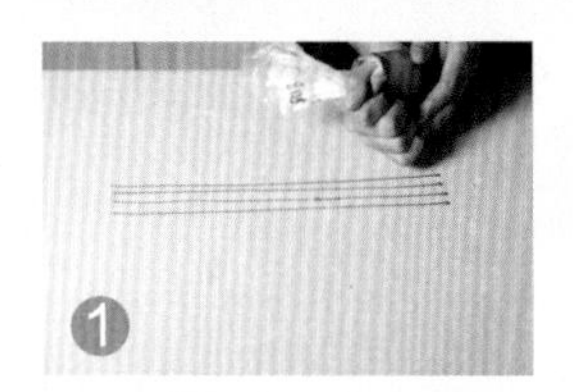

用融化好的绿色巧克力在调好温度的大理石板上画上条纹

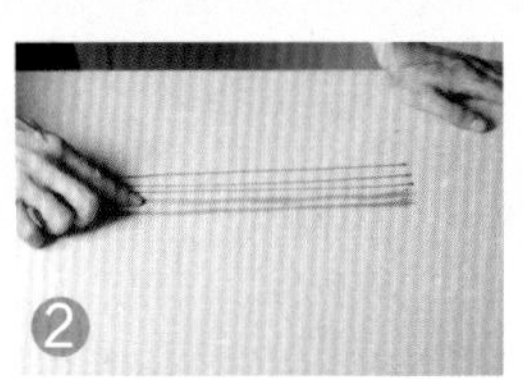

用手指顺着条纹涂抹

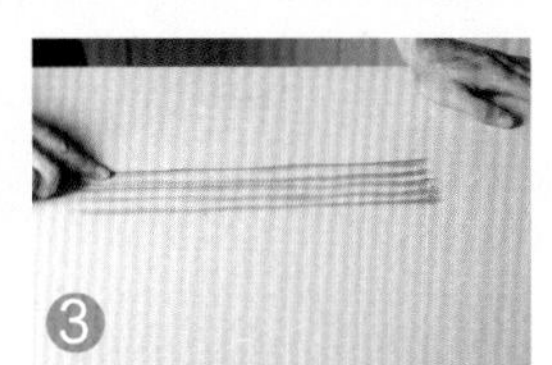

将每条涂抹至均匀宽度

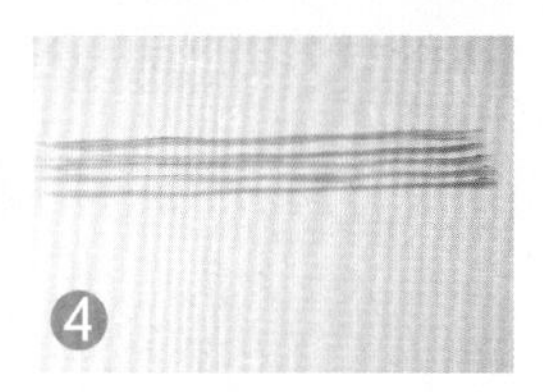

使整体感观自然

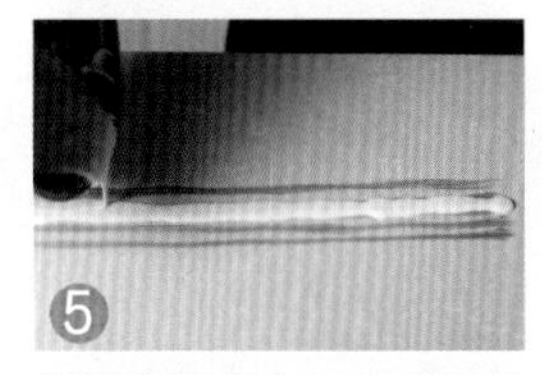

将融化好的白巧克力涂抹在绿色条纹上

涂抹均匀

涂抹至理想宽度

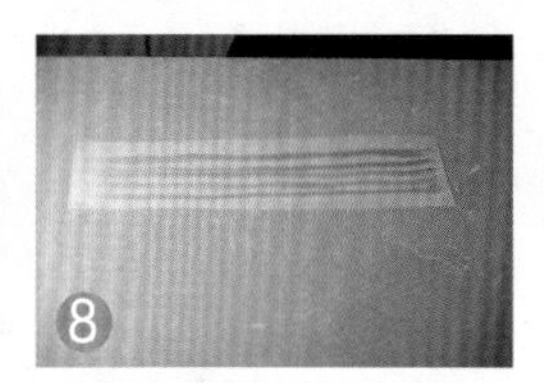

修饰边缘

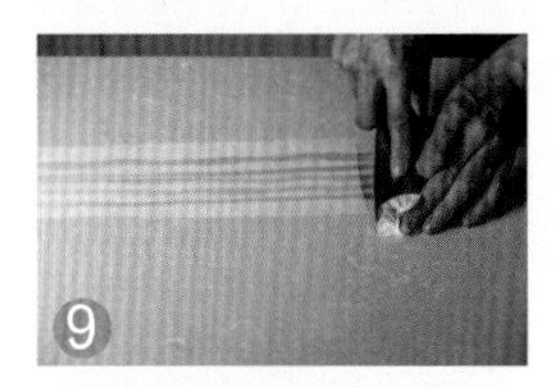

将左手抵在铲刀右前端 1.5 厘米处，右手握住刀把，匀速向前推动

修饰平整，使边缘成半圆形

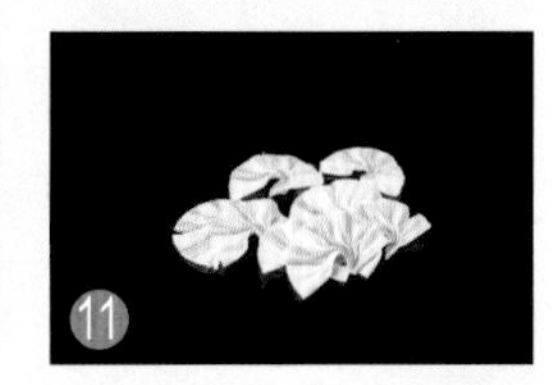

青青草原扇形巧克力就做好了

操作注意事项

1. 制作巧克力前需将大理石板均匀预热到与室温相同的 22℃，巧克力温度控制在 27℃左右。
2. 要待绿色花纹凝固后，再铺白色巧克力，避免混色。
3. 铲刀向前推动的力度要均匀，铲出扇形后要趁巧克力柔软时修整形状使其平整。

双弧形扇形

用　　途

成品多用于蛋糕装饰、甜品装饰等。

主要准备工具

抹刀

铲刀

翻糖月牙形小工具

操作注意事项

1. 制作巧克力前需将大理石板均匀预热到与室温相同的 22℃，巧克力温度控制在 27℃左右。

2. 白底花纹要用工具压透。

3. 铲刀向前推动的力度要均匀，铲出扇形后要趁巧克力柔软时修整形状使其平整。

工艺流程

将融化好的白巧克力涂抹在调好温度的大理石板上，用翻糖月牙形小工具戳出月牙痕迹

将表面杂物清理干净

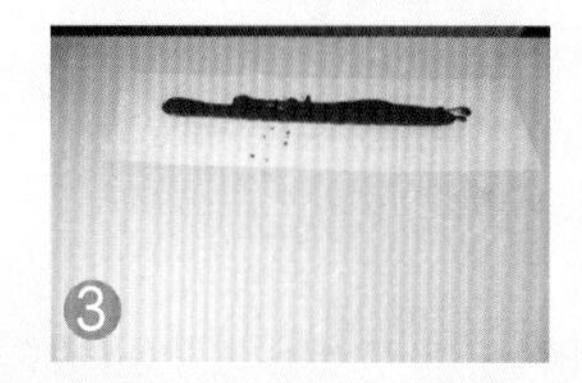

将融化好的黑巧克力涂抹在白巧克力上

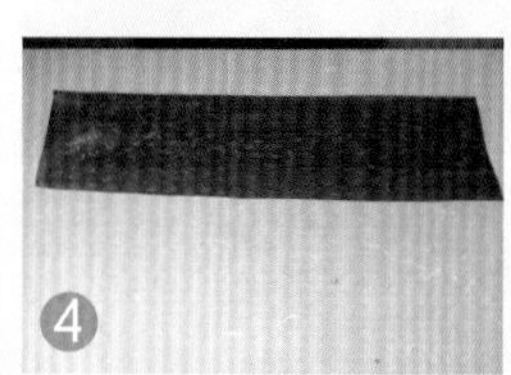

涂抹均匀，修饰边缘

用铲刀铲出两个均匀弧形缺口

将左手抵在铲刀左前端 1.5 厘米处，右手握住刀把，匀速向前推动

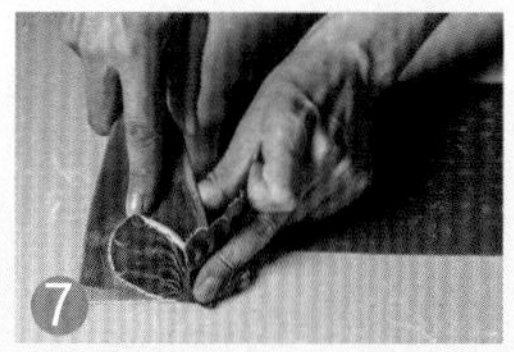

修整边缘毛茬，使双弧形扇形巧克力成型

网格扇形

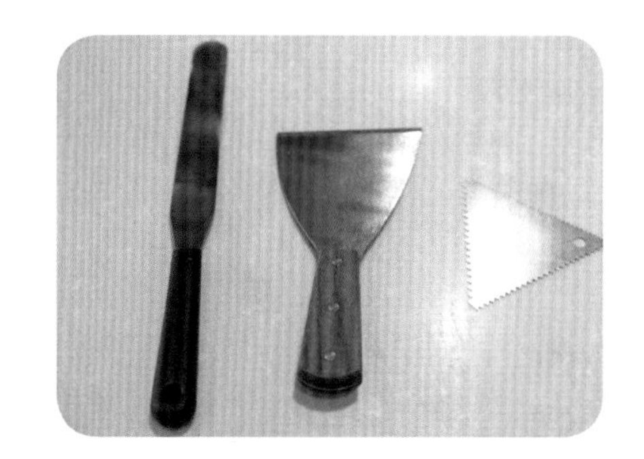

用　　途

成品多用于蛋糕装饰、甜品装饰等。

主要准备工具

抹刀

铲刀

三角刮片

工艺流程

① 将融化好的的黑巧克力均匀涂抹在调好温度的大理石板上，修饰成理想宽度，用三角刮片刮出条纹

② 刮到理想宽度

③ 将三角刮片抵在巧克力底边垂直于条纹 90°

④ 刮出网格

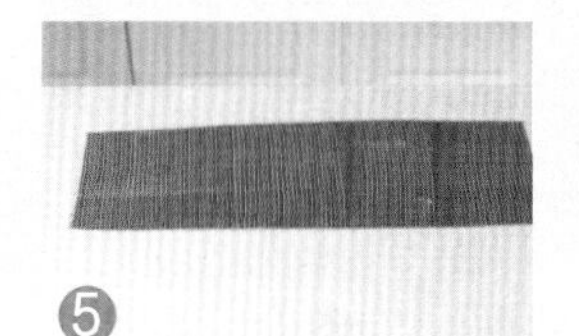

⑤ 修饰边缘

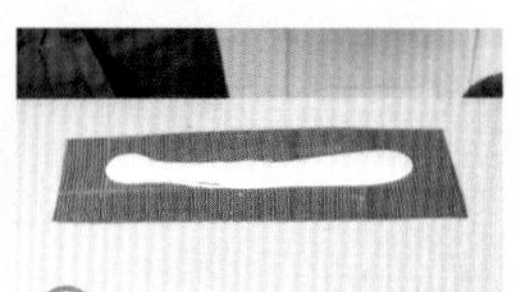

⑥ 将白巧克力涂抹在黑巧克力网格上

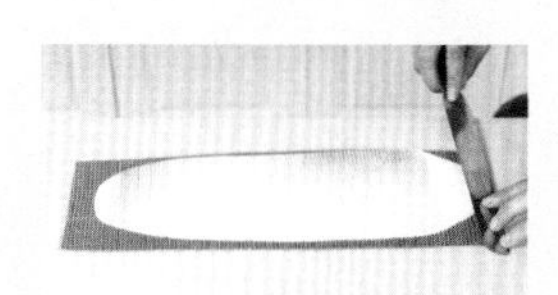

⑦ 涂抹均匀

⑧ 将左手抵在铲刀右前端 1.5 厘米处，右手握住刀把

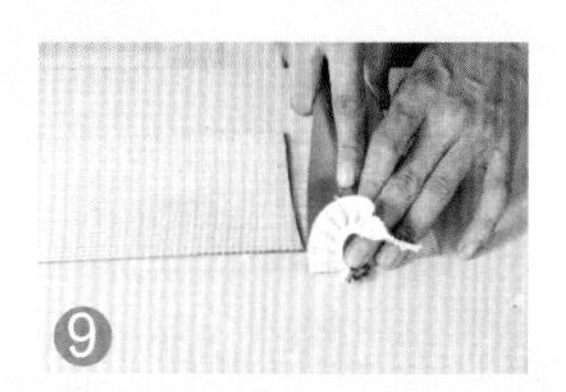

⑨ 匀速向前推动

⑩ 修饰平整

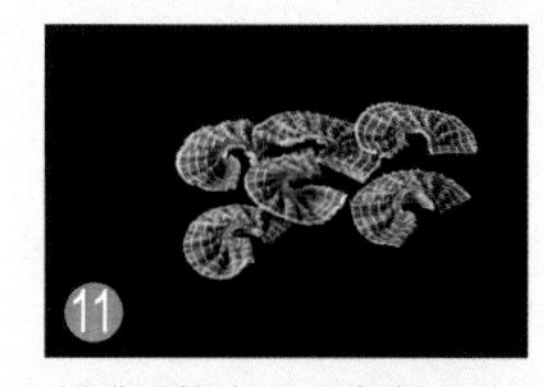

⑪ 制成网格扇形巧克力

操作注意事项

1. 制作巧克力前需将大理石板均匀预热到与室温相同的 22℃，巧克力温度控制在 27℃左右。
2. 要待网格部分凝固后，再铺白色巧克力。
3. 白色巧克力温度不可过高，避免混色。
4. 铲刀向前推动的力度要均匀，铲出扇形后要趁巧克力柔软时修整形状使其平整。

弧形扇形

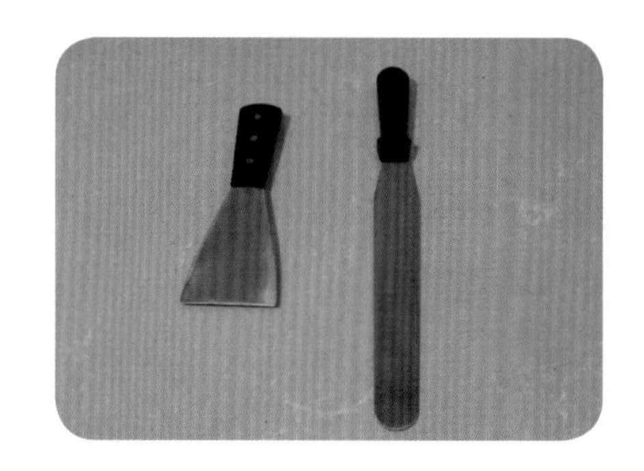

用　途

成品多用于蛋糕装饰、西点装饰等。

主要准备工具

铲刀

抹刀

工艺流程

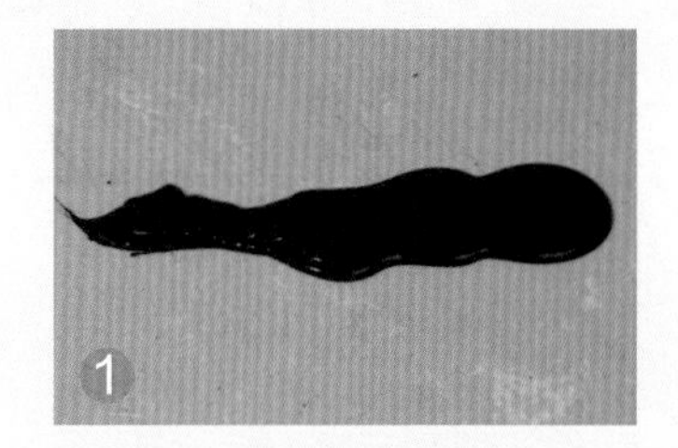

将巧克力铺在调好温度的大理石板上

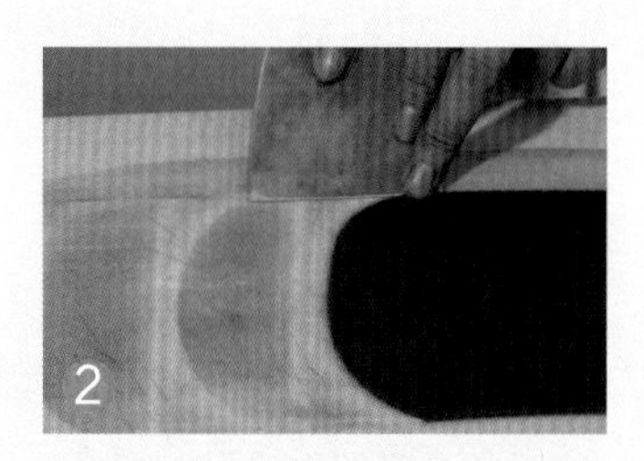

用抹刀将巧克力抹平，修整边缘，用铲刀修出弧形边。

右手拿铲刀，翘起 30 度角，左手中指抵在铲刀左上角快速向前，推出均匀褶皱

修整边缘

将做好的弧形扇形巧克力摆好

操作注意事项

1. 巧克力的薄厚决定扇形褶皱的密度大小。
2. 巧克力越薄，出现的褶皱越密集。巧克力越厚，出现的褶皱越少越疏离。

裂口扇形

用　　途

成品多用于蛋糕装饰、西点装饰等。

主要准备工具

抹刀

铲刀

操作注意事项

划横线时要划透，不然无法形成裂口。

工艺流程

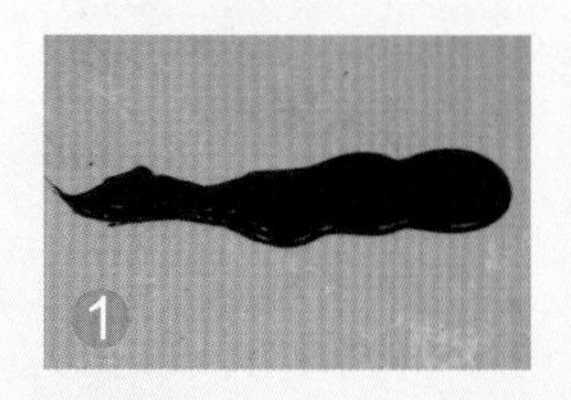

将巧克力铺在调好温度的大理石板上

用抹刀将巧克力抹平

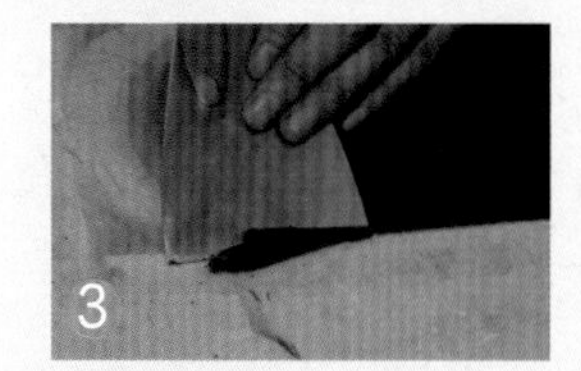

修整边缘

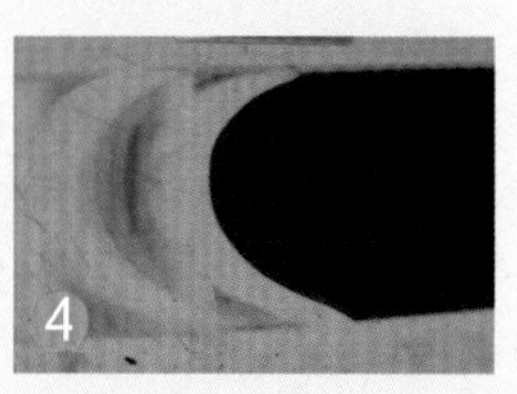

用铲刀修出弧形边

用尖形笔状工具划出横线

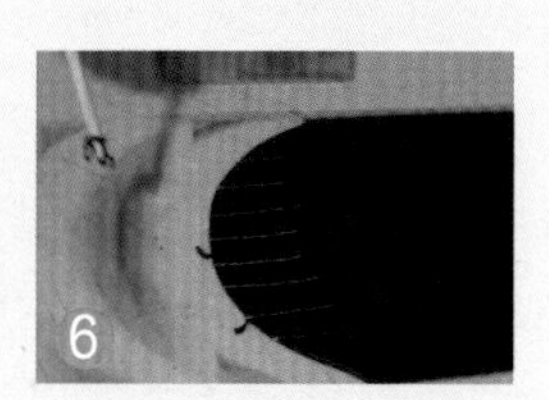

横线要平行，宽度要均匀

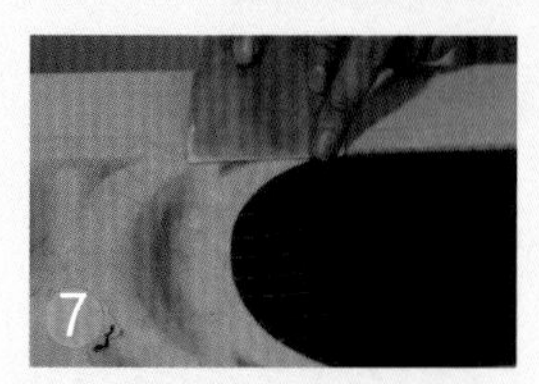

右手拿铲刀，翘起 30 度角，左手中指抵在铲刀左上角

快速向前，推出均匀褶皱

成品可刷铜色色粉或金色色粉

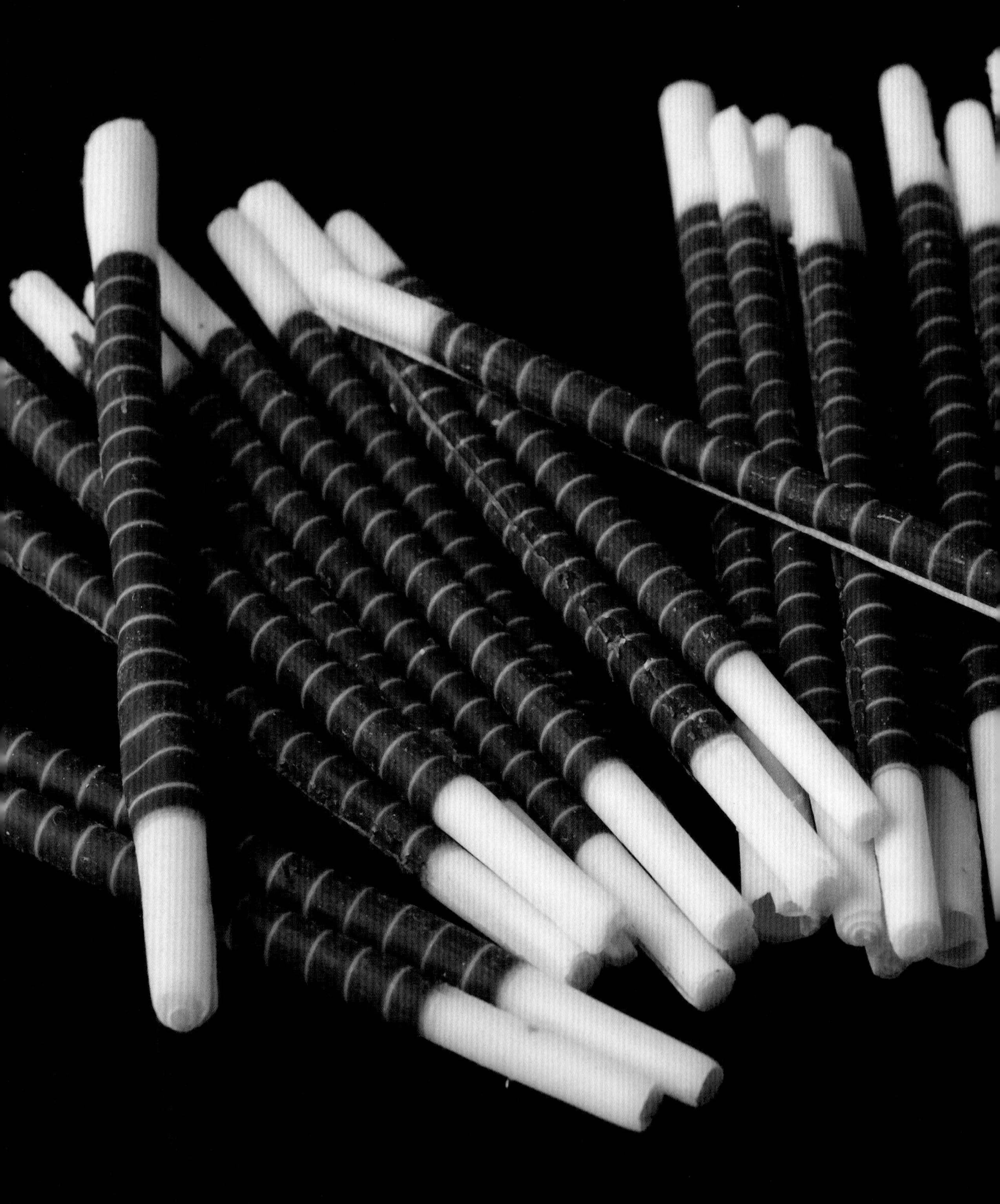

白头条纹巧克力棒

工艺流程

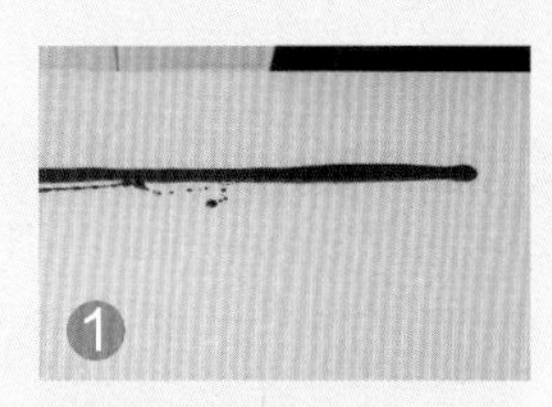

将融化好的黑巧克力涂抹在调好温度的大理石板上

涂抹均匀，修饰边缘

用三角刮片刮出条纹

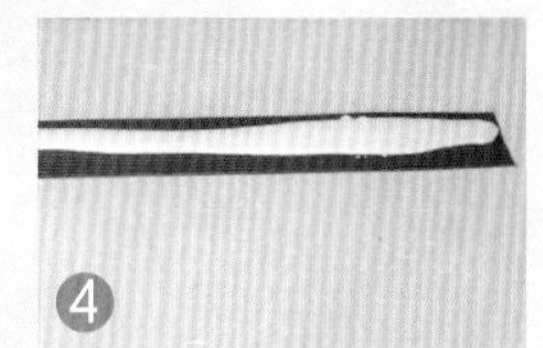

将融化好的白巧克力涂抹在黑巧克力条纹上

涂抹均匀

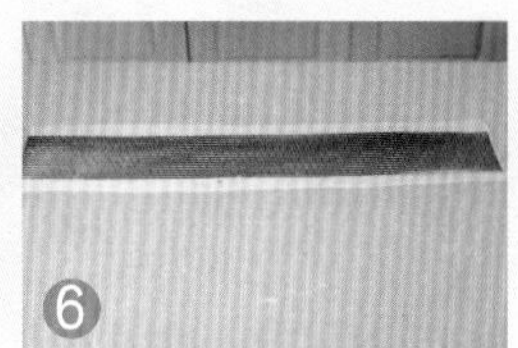

修饰边缘，白巧克力边留1.5 厘米

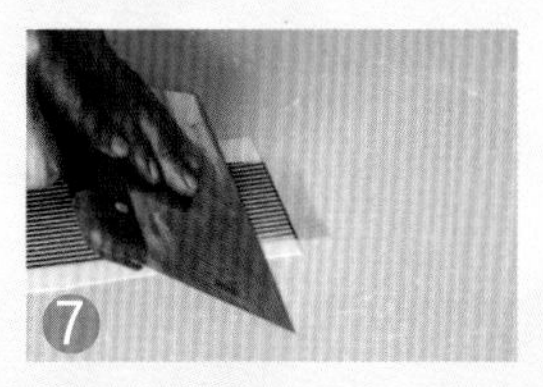

左手放在铲刀面上，右手握住刀把，铲刀倾斜于巧克力面 30°

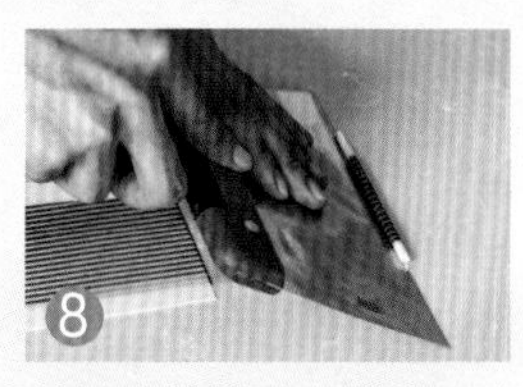

匀速向前推动，做成巧克力棒

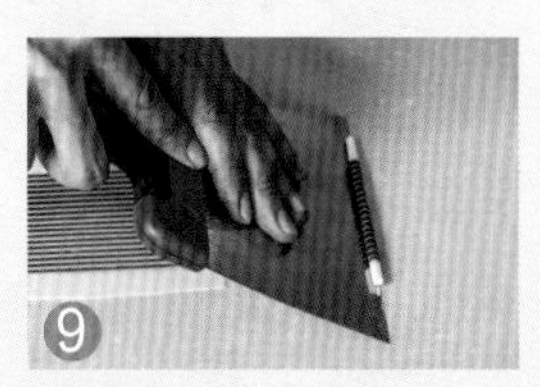

每一个巧克力棒的粗细程度要保持均匀

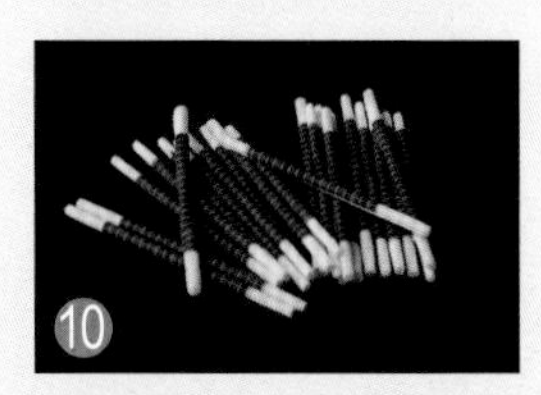

将做好的白头条纹巧克力棒摆好

用　　途

成品多用于蛋糕装饰、甜品装饰等。

主要准备工具

抹刀

铲刀

三角刮片

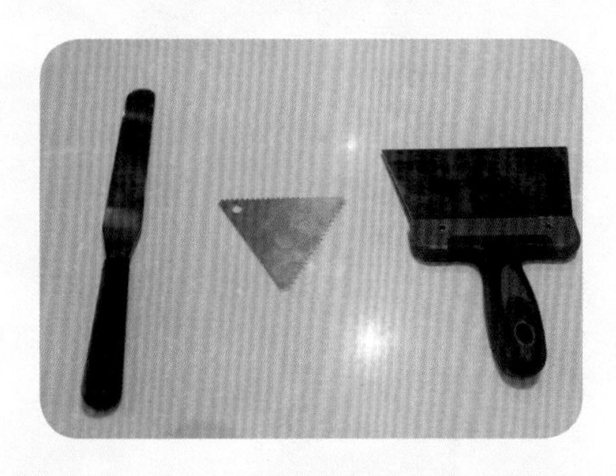

操作注意事项

1. 制作巧克力前需将大理石板均匀预热到与室温相同的 22℃，巧克力温度控制在 27℃左右。
2. 黑巧克力条纹制作好之后需凝固后才可铺白巧克力，避免混色。
3. 巧克力棒两端留出的白色部分需等距。
4. 巧克力棒要粗细均匀，条纹清晰。

大理石纹巧克力棒

用　途

成品多用于蛋糕装饰、甜品装饰等。

主要准备工具

抹刀

铲刀

剪刀

裱花袋

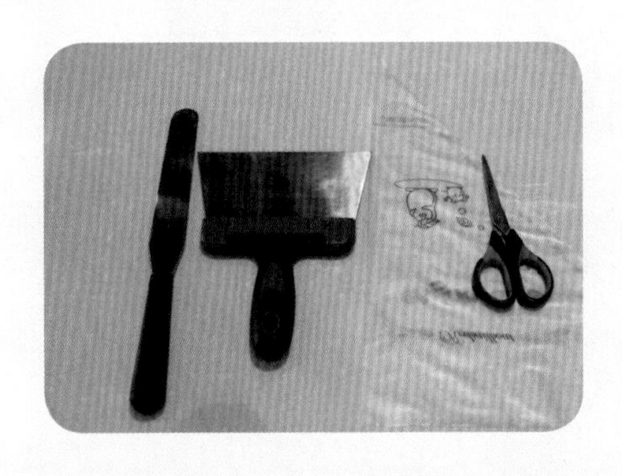

操作注意事项

1. 制作巧克力前需将大理石板均匀预热到与室温相同的 22℃，巧克力温度控制在 27℃左右。

2. 黑色线条制作好后需待凝固后再铺白巧克力，避免混色。

3. 巧克力棒要粗细均匀、长短均匀。

工艺流程

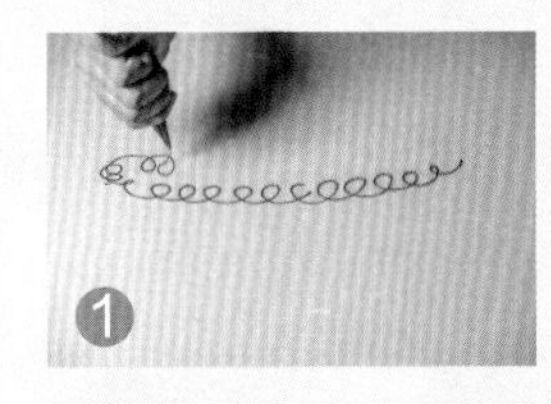

用融化好的黑巧克力在调好温度的大理石板上画出螺纹

画出的线条要粗细均匀

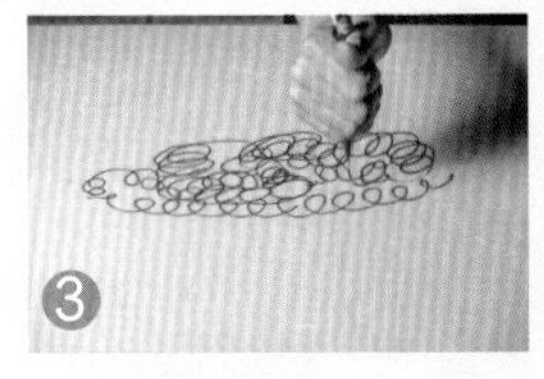

螺纹可随意但有序

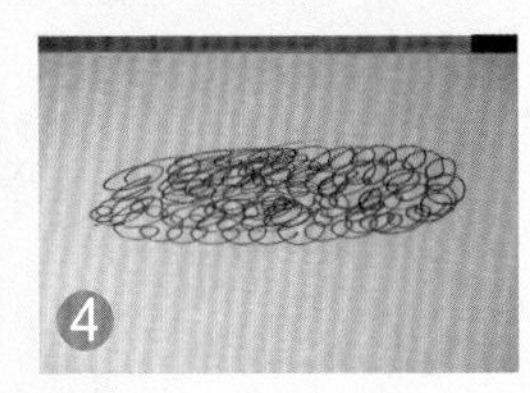

画到理想宽度

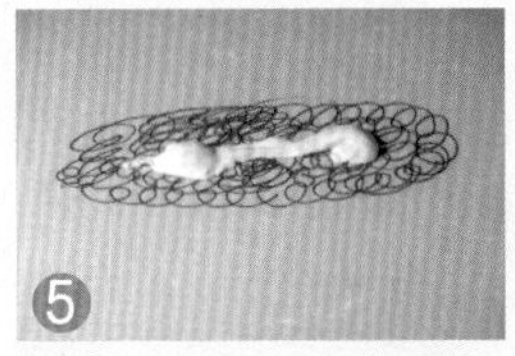

将融化好的白巧克力涂抹在黑巧克力的螺纹上

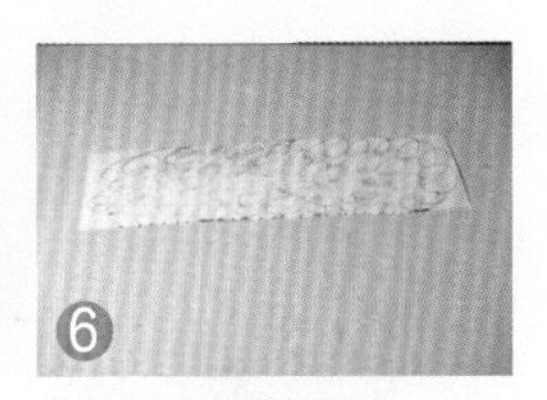

将白巧克力涂抹均匀

将左手放在铲刀面上，右手握住刀把，铲刀倾斜于巧克力面 30 度角

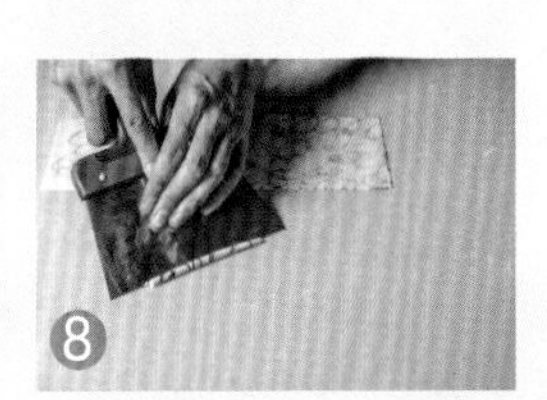

匀速向前推，修饰成型

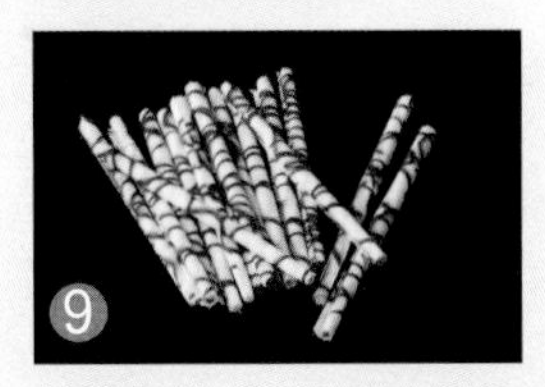

将做好的大理石纹巧克力棒摆好

黑白配
巧克力棒

用　　途

成品多用于蛋糕装饰、甜品装饰等。

主要准备工具

抹刀

铲刀

工艺流程

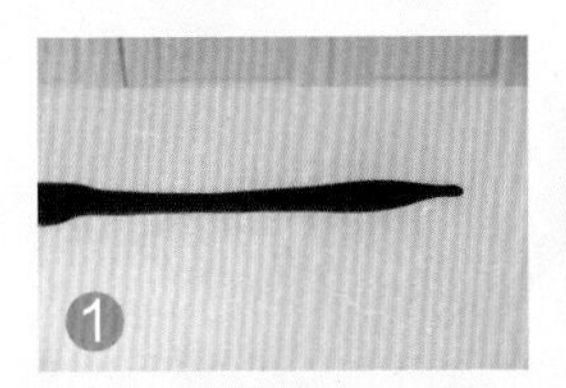

将融化好的黑巧克力铺在调好温度的大理石板上

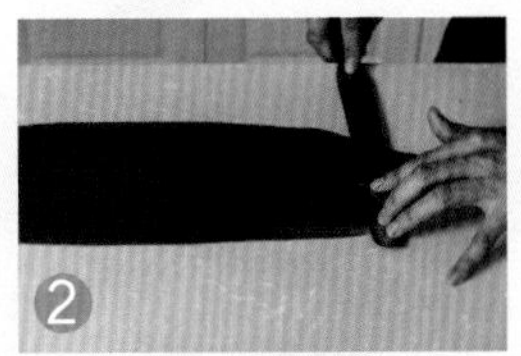

将巧克力涂抹均匀

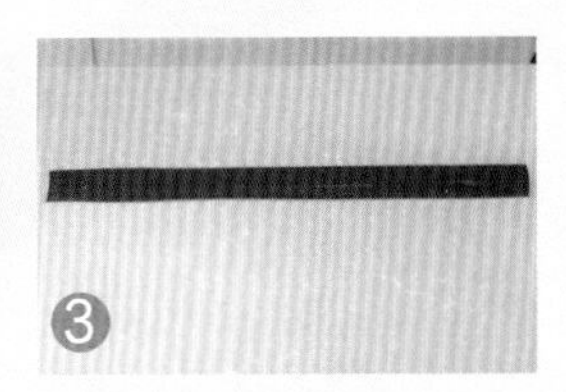

修饰成长条形

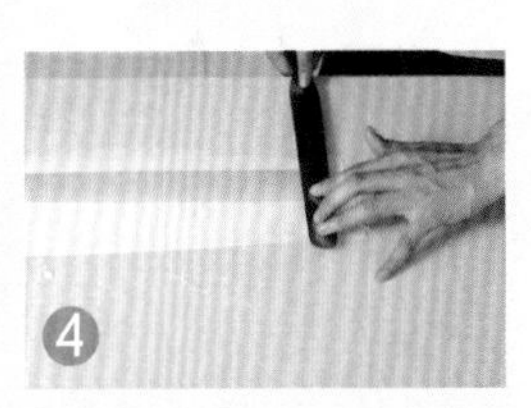

将融化好的白巧克力铺在黑色长条巧克力上并涂抹均匀

修饰成理想宽度，再将左手放在铲刀上，右手握住刀把，铲刀倾斜于巧克力面 30 度

铲刀边缘放在巧克力面理想宽度上匀速向前推动

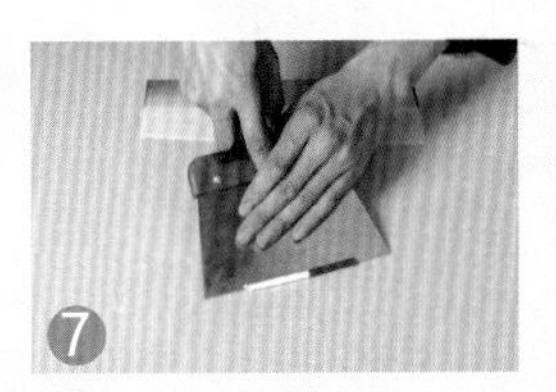

将巧克力成型并修饰

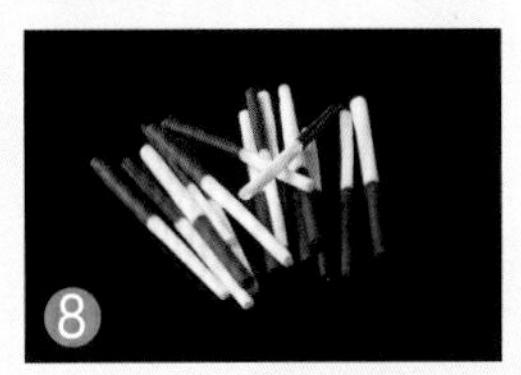

将制作好的黑白配巧克力棒摆好

操作注意事项

1. 制作巧克力前需将大理石板均匀预热到与室温相同的 22℃，巧克力温度控制在 27℃左右。
2. 黑白两部分长度要一致，巧克力棒要粗细一致、长短一致。

黑斑点巧克力棒

工艺流程

用小毛刷沾融化的黑巧克力，在大理石板上抖出巧克力点

巧克力点需铺满制作面积，并均匀

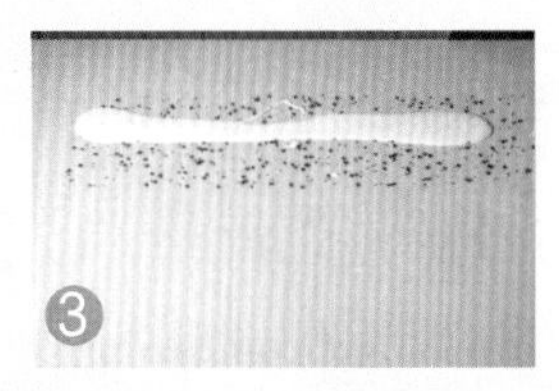

将融化好的白巧克力铺在巧克力点上

将巧克力涂抹均匀

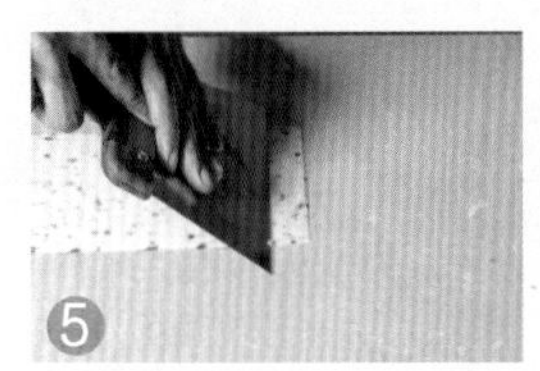

左手放在铲刀面上，右手握住铲刀把，使铲刀面倾斜巧克力面 30 度，将铲刀边放在巧克力面上，平行于边缘

向前匀速推铲刀，形成巧克力棒

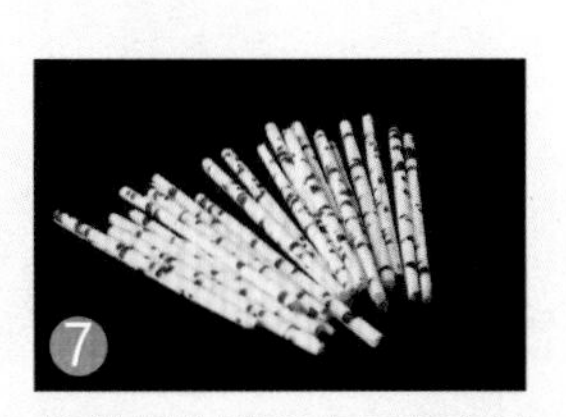

将做好的黑斑点巧克力棒摆好

用　　途

成品多用于蛋糕装饰、甜品装饰等。

主要准备工具

抹刀

铲刀

小毛刷

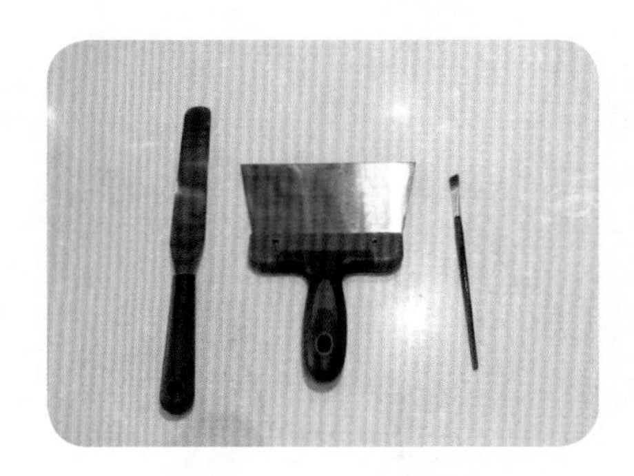

操作注意事项

1. 制作巧克力前需将大理石板均匀预热到与室温相同的 22℃，巧克力温度控制在 27℃左右。
2. 黑色线条制作好后需待凝固后再铺白巧克力，避免混色。
3. 巧克力棒要粗细均匀、长短均匀。

黑浪线巧克力棒

用　途

成品多用于蛋糕装饰、甜品装饰等。

主要准备工具

抹刀
铲刀
裱花袋
剪刀

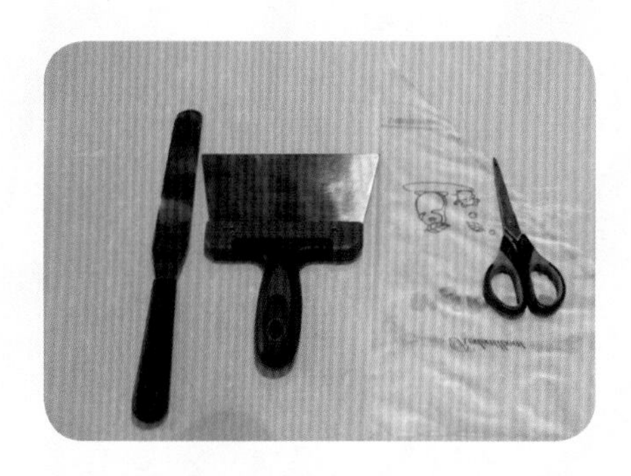

操作注意事项

1. 制作巧克力前需将大理石板均匀预热到与室温相同的 22℃，巧克力温度控制在 27℃左右。
2. 黑色线条制作好后需待凝固后再铺白巧克力，避免混色。
3. 巧克力棒要粗细均匀、长短均匀。

工艺流程

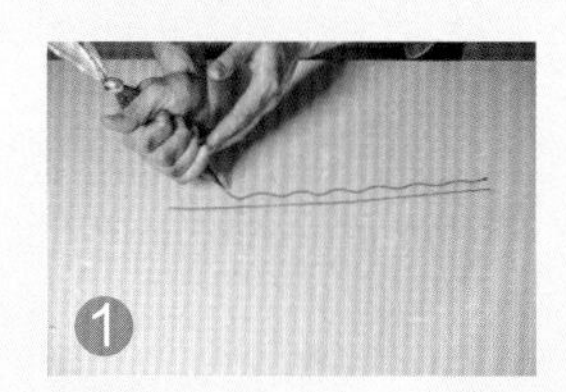

用融化好的黑巧克力在调好温度的大理石板上画出波浪线

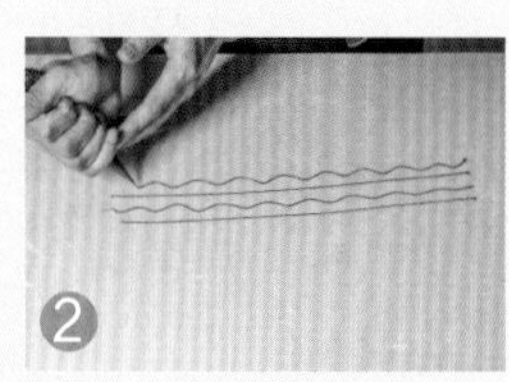

画出的波浪线要整洁有序

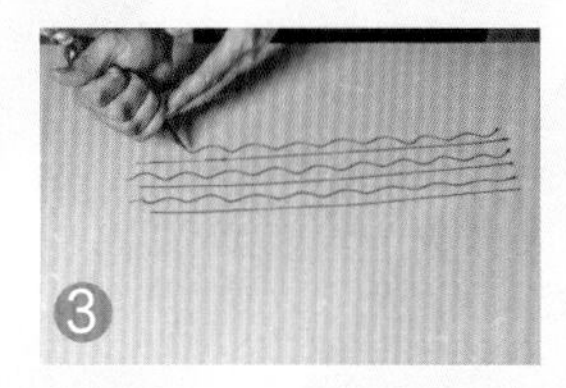

画到理想宽度并修饰边缘

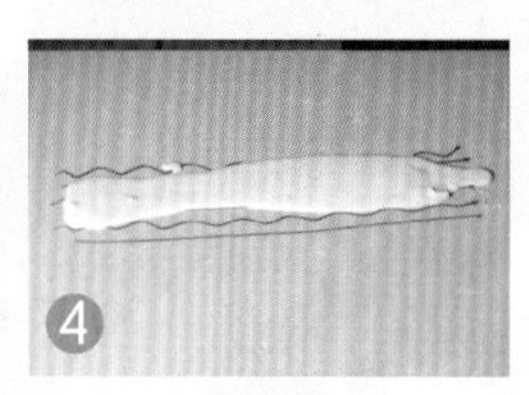

将融化好的白巧克力涂抹在黑巧克力波浪线上

将巧克力涂抹均匀

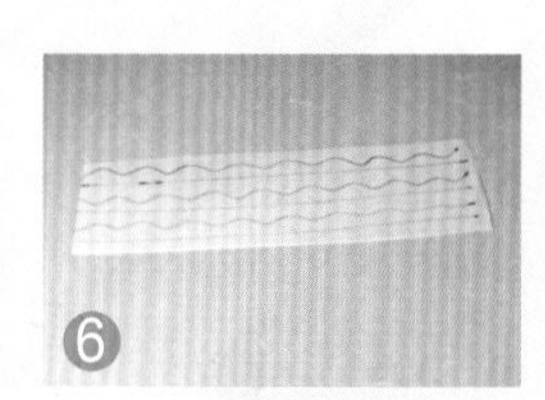

将巧克力修饰成理想宽度

将左手放在铲刀面上，右手握住刀把，铲刀倾斜于巧克力面 30 度，匀速向前推动

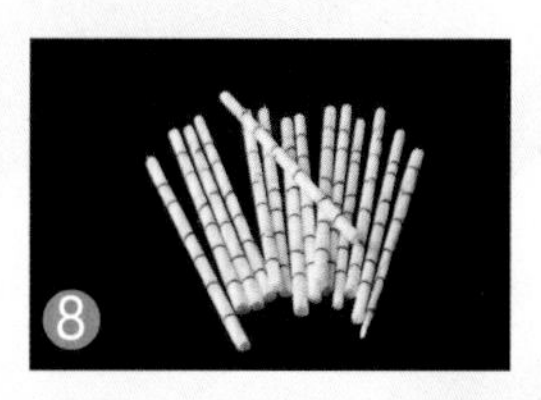

将制作好的黑斑纹巧克力棒摆好

黑条纹尖头巧克力棒

用　　途

成品多用于蛋糕装饰、甜品装饰等。

主要准备工具

抹刀

铲刀

小毛刷

工艺流程

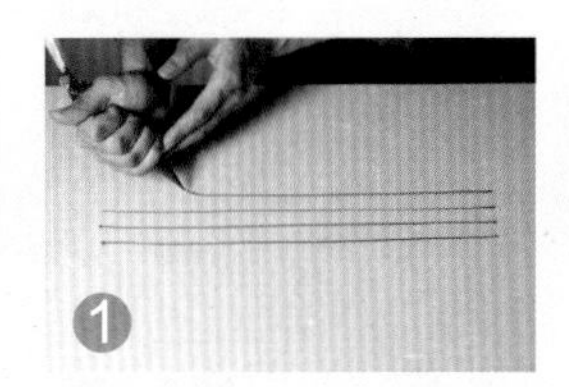

将融化好的黑巧克力装入裱花袋中，在调好温度的大理石板上画出条纹

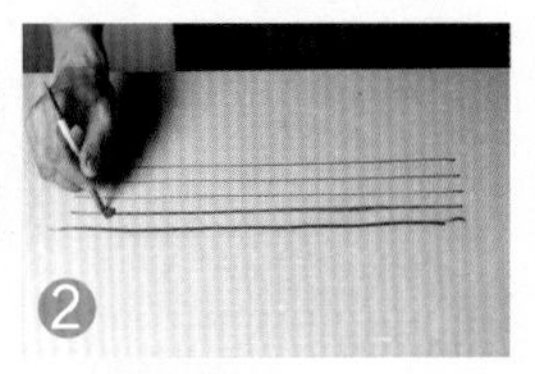

用小毛刷修饰条纹

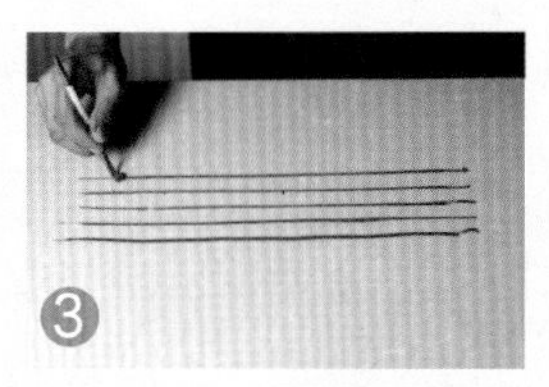

再次修饰条纹，使条纹更加自然

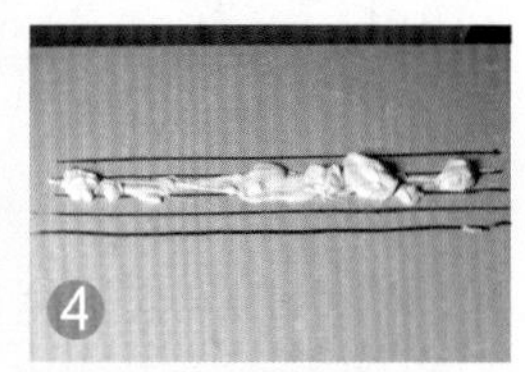

将融化好的白巧克力铺在条纹上

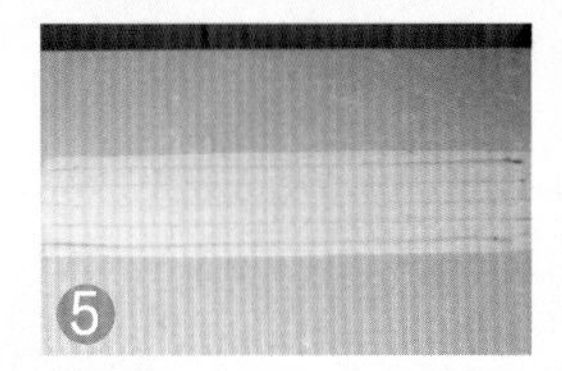

将黑巧克力涂抹均匀并修饰边缘

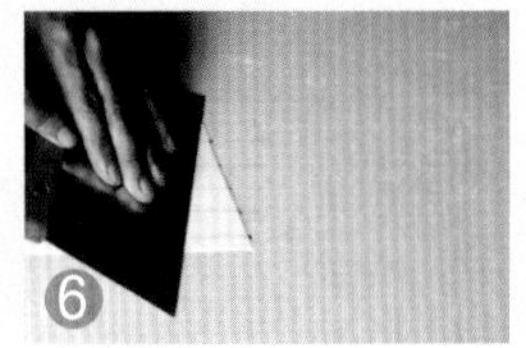

左手放在铲刀面上，右手握住铲刀把，铲刀面与巧克力面成倾斜 30 度角，并将铲刀的边缘压在三角形底边上

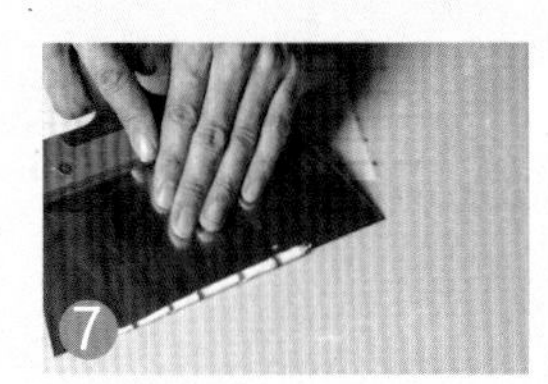

匀速向前推动，使巧克力卷起

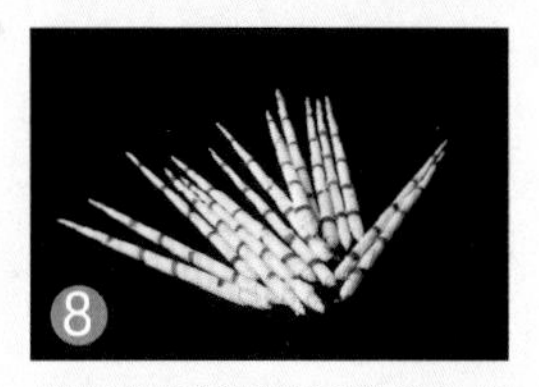

将制作好的黑条纹尖头巧克力棒摆好

操作注意事项

1. 制作巧克力前需将大理石板均匀预热到与室温相同的 22℃，巧克力温度控制在 27℃左右。
2. 黑色线条制作好后需待凝固后再铺白巧克力，避免混色。
3. 巧克力棒长短要均匀。

黑网格巧克力棒

工艺流程

将融化好的的黑巧克力均匀涂抹在调好温度的大理石板上，修饰成理想宽度，用三角刮片刮出条纹

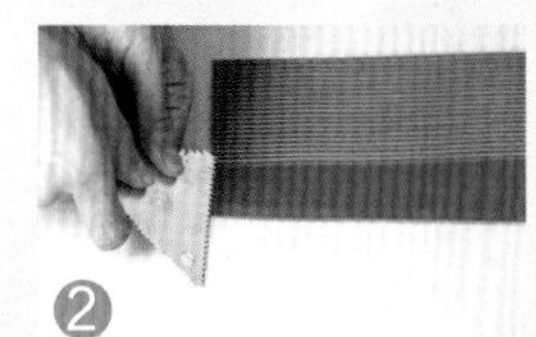

刮到理想宽度为止

将三角刮片抵在巧克力底边垂直于条纹 90 度

刮出网格

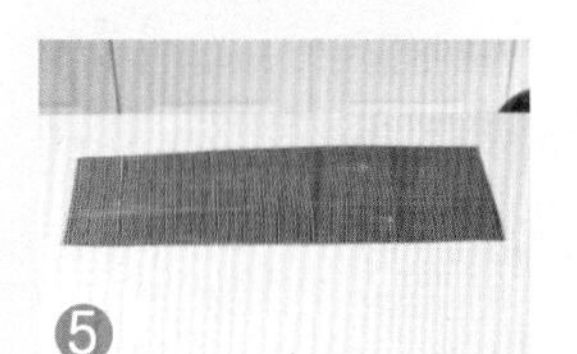

修饰边缘

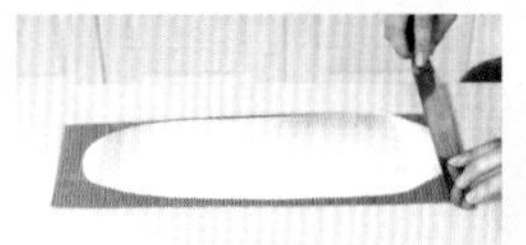

将白巧克力涂抹在黑巧克力网格上

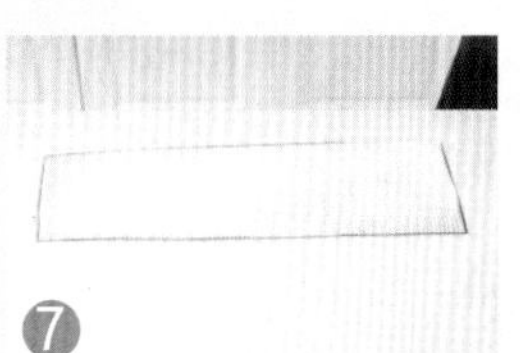

涂抹均匀

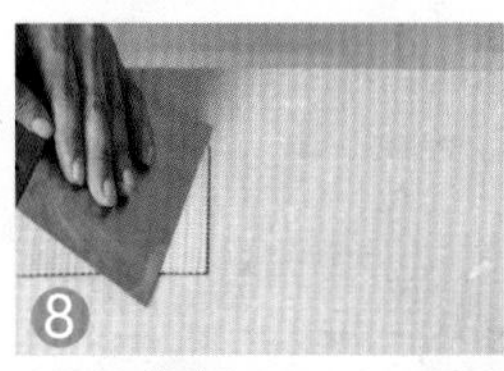

左手放在铲刀面上，右手握住刀把，将铲刀边缘抵在巧克力面三角形底边处

匀速向前推动

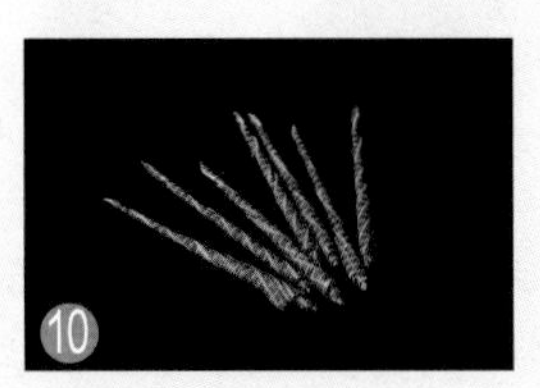

将制作好的黑网格巧克力棒摆好

用　　途

成品多用于蛋糕装饰、甜品装饰等。

主要准备工具

抹刀

铲刀

三角刮片

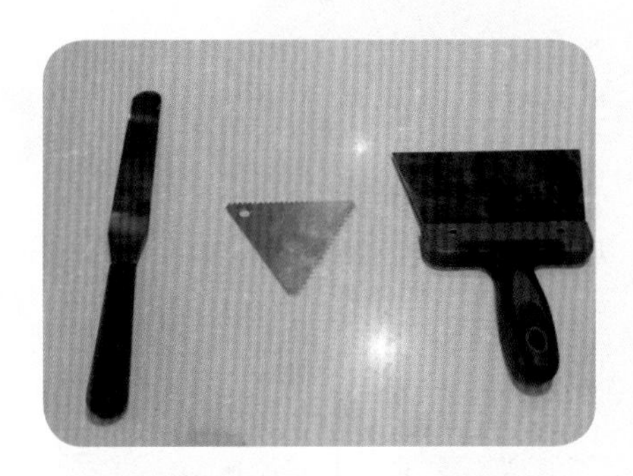

操作注意事项

1. 制作巧克力前需将大理石板均匀预热到与室温相同的 22℃，巧克力温度控制在 27℃左右。
2. 黑色网格制作好后需待凝固后再铺白巧克力，避免混色。
3. 巧克力棒要粗细均匀、长短均匀。

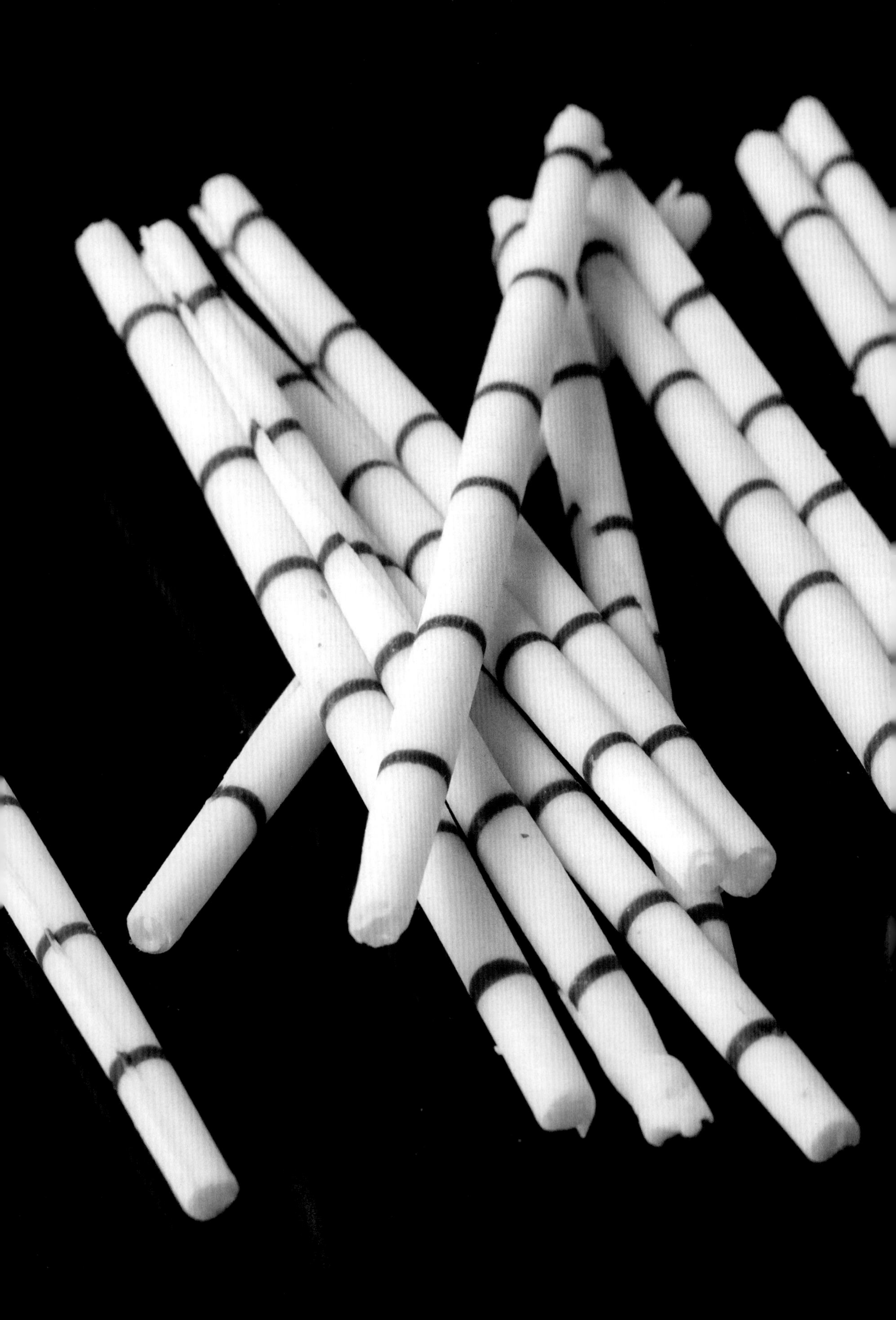

黑直线巧克力棒

用　途

成品多用于蛋糕装饰、甜品装饰等。

主要准备工具

抹刀

铲刀

剪刀

裱花袋

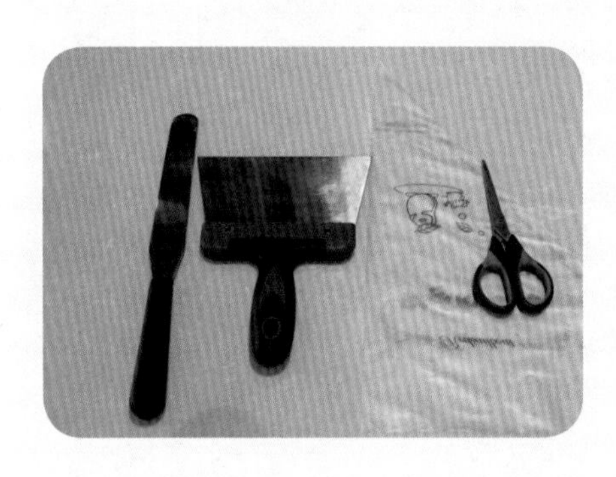

操作注意事项

1. 制作巧克力前需将大理石板均匀预热到与室温相同的 22℃，巧克力温度控制在 27℃左右。

2. 黑色线条制作好后需待凝固后再铺白色巧克力，避免混色。

3. 巧克力棒要粗细均匀、长短均匀。

工艺流程

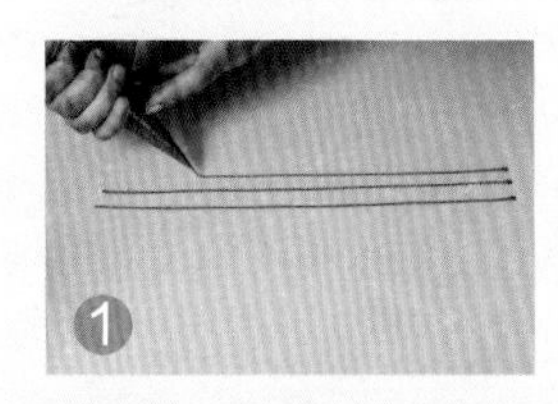

用融化好的黑巧克力在调好温度的大理石板上画出条纹

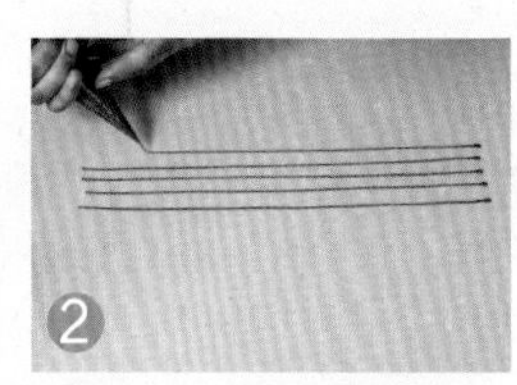

画出的线条尽量均匀

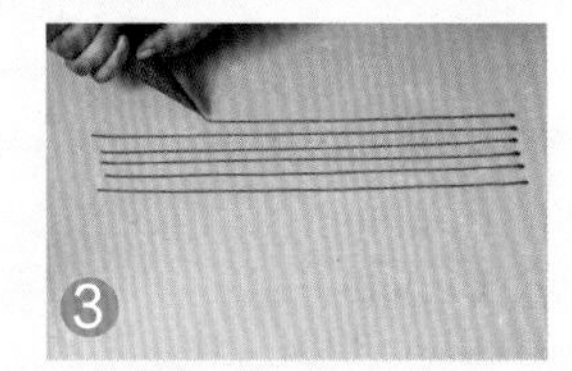

根据需要确定宽度

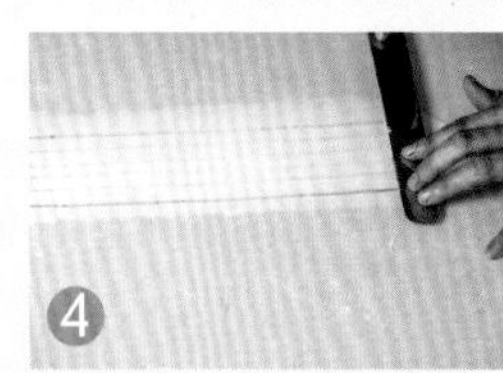

将融化好的白巧克力涂抹在黑巧克力条纹上，并涂抹均匀

修饰边缘

左手放在铲刀面上，右手握住刀把，铲刀倾斜于巧克力面 30 度

匀速向前推动，修饰成型

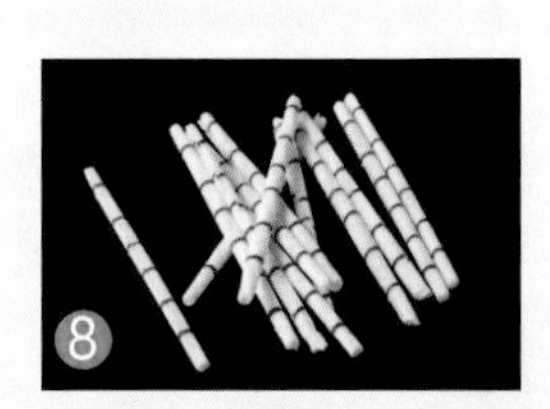

将制作好的黑直线巧克力棒摆好

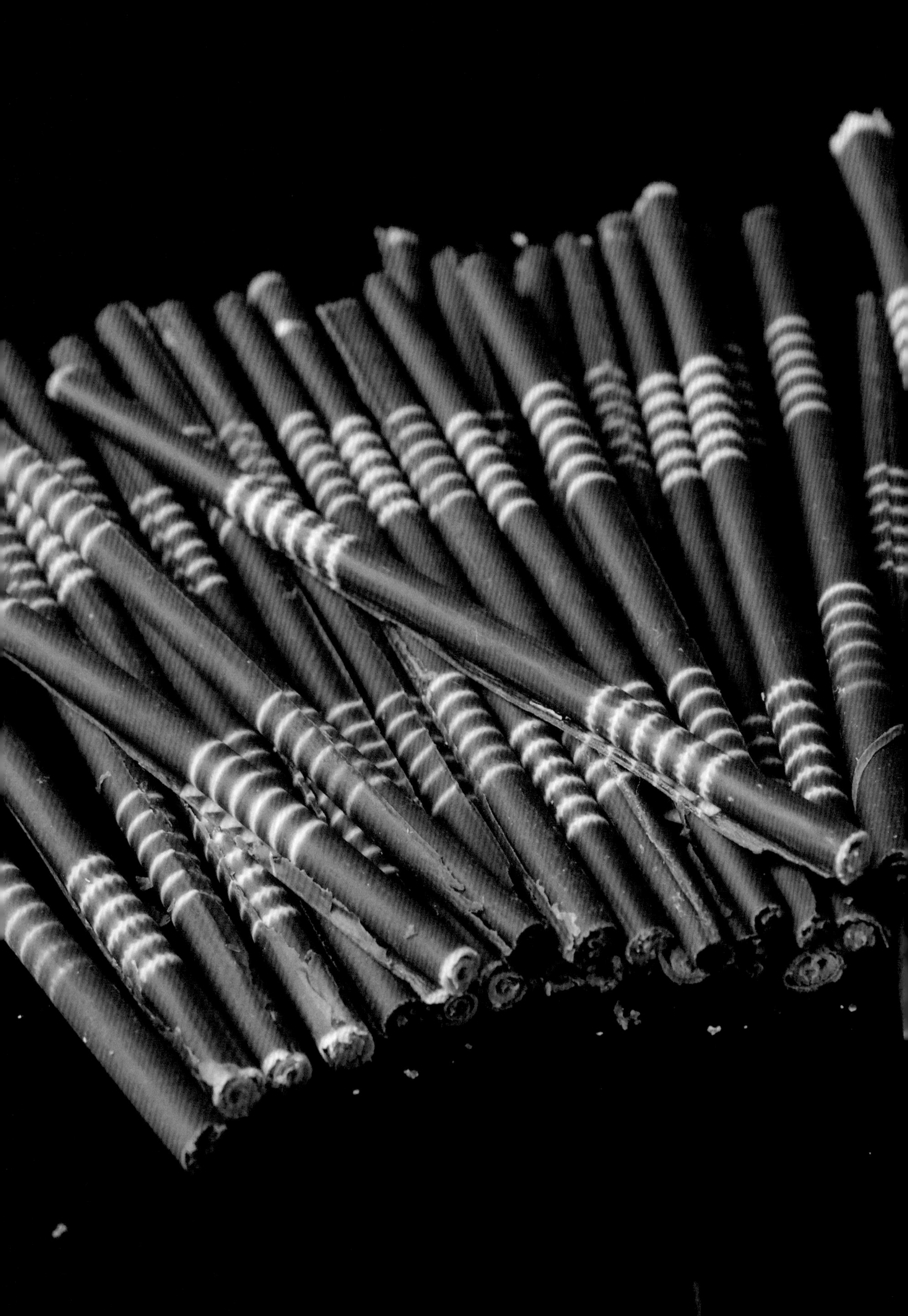

螺纹巧克力棒

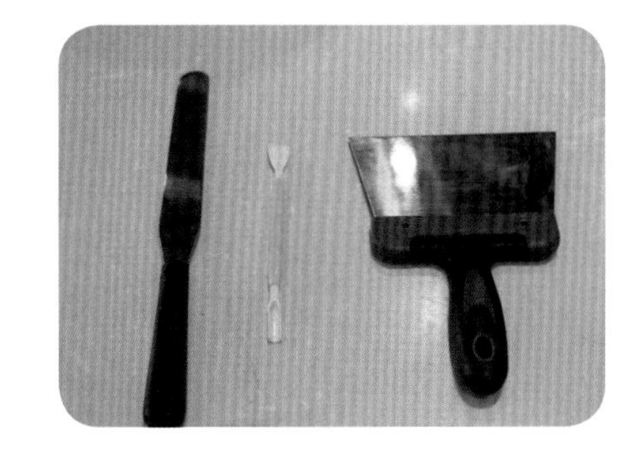

用　途

成品多用于蛋糕装饰、甜品装饰等。

主要准备工具

抹刀

铲刀

翻糖扁工具刀

工艺流程

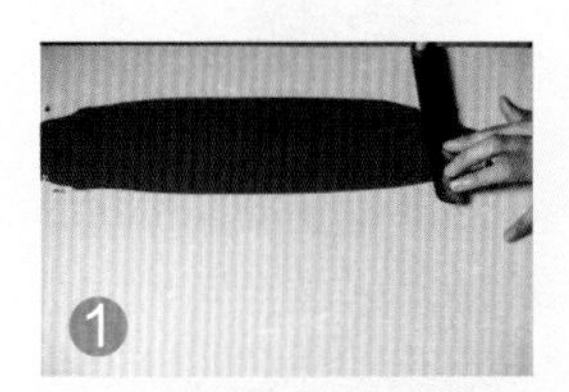

将融化好的黑巧克力涂抹在调好温度的大理石板上

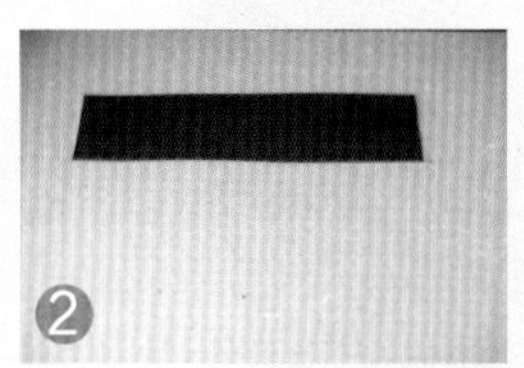

将黑巧克力涂抹均匀，修饰边缘

用翻糖扁工具刀刮出条纹

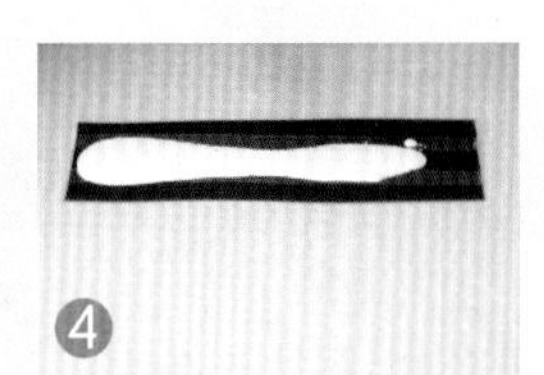

将融化好的白巧克力涂抹在黑巧克力条纹上

涂抹均匀

左手放在铲刀面上，右手握住刀把，铲刀倾斜于巧克力面 30 度

匀速向前推动，修饰成型

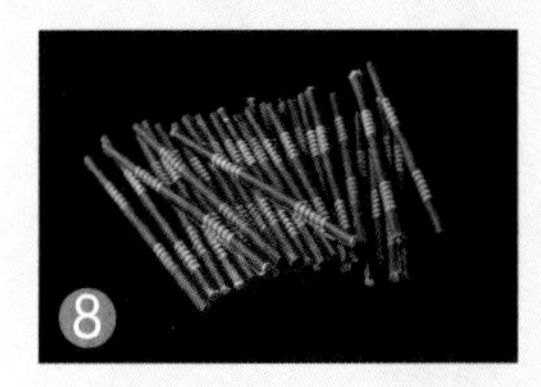

将制作好的巧克力棒摆好

操作注意事项

1. 制作巧克力前需将大理石板均匀预热到与室温相同的 22℃，巧克力温度控制在 27℃左右。
2. 黑色螺纹制作好后需待凝固后再铺白巧克力，避免混色。
3. 巧克力棒要粗细均匀、长短均匀。

天空纹巧克力棒

工艺流程

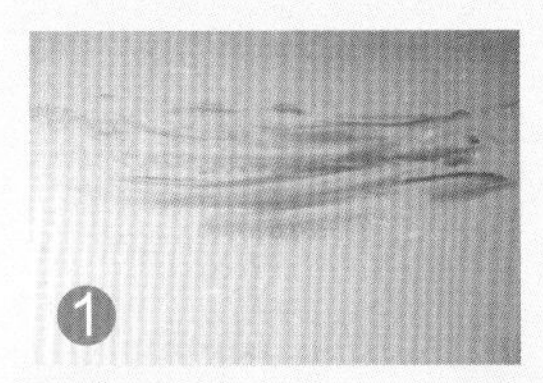

将融化好的蓝色巧克力随意涂抹在调好温度的大理石板上

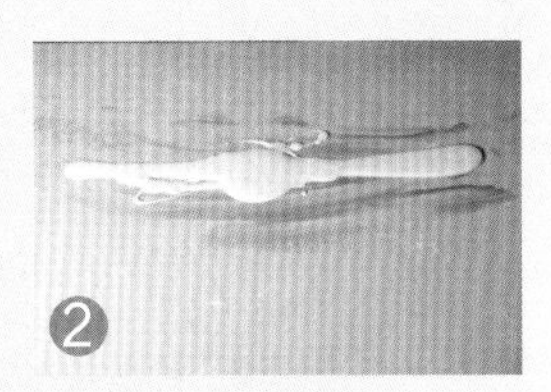

将融化好的白巧克力涂抹在蓝巧克力条纹上

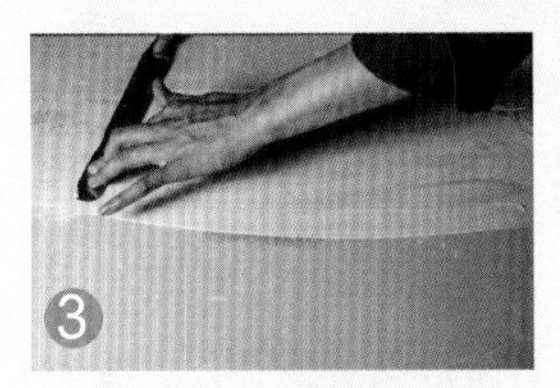

将巧克力涂抹均匀，修饰边缘

左手放在铲刀面上，右手握住刀把，铲刀倾斜于巧克力面 30 度，将铲刀边缘抵在巧克力三角形底边上

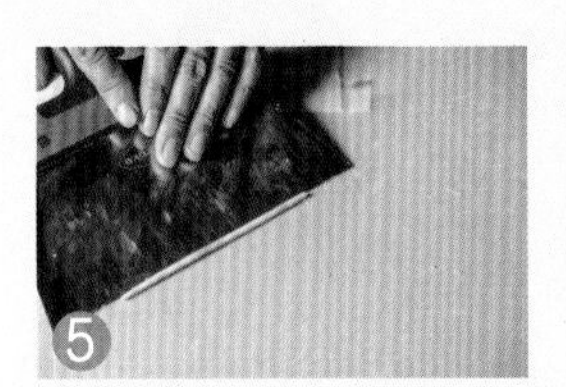

匀速向前推动，修饰成型

将制作好的天空纹巧克力棒摆好

用　　途

成品多用于蛋糕装饰、甜品装饰等。

主要准备工具

抹刀

铲刀

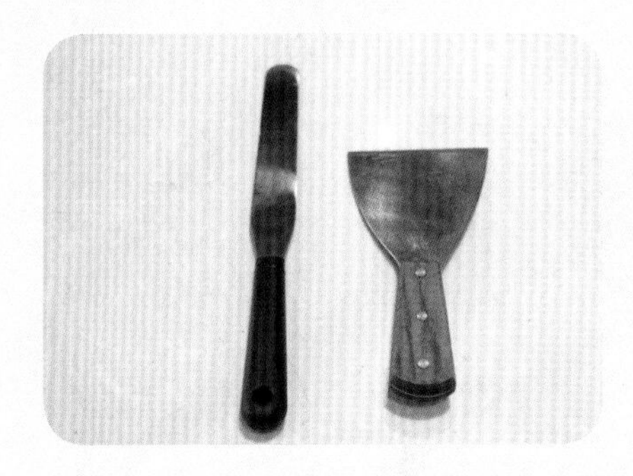

操作注意事项

1. 制作巧克力前需将大理石板均匀预热到与室温相同的 22℃，巧克力温度控制在 27℃左右。
2. 天空蓝色图纹制作好后需待凝固后再铺白巧克力，避免混色。
3. 巧克力棒长短要均匀。

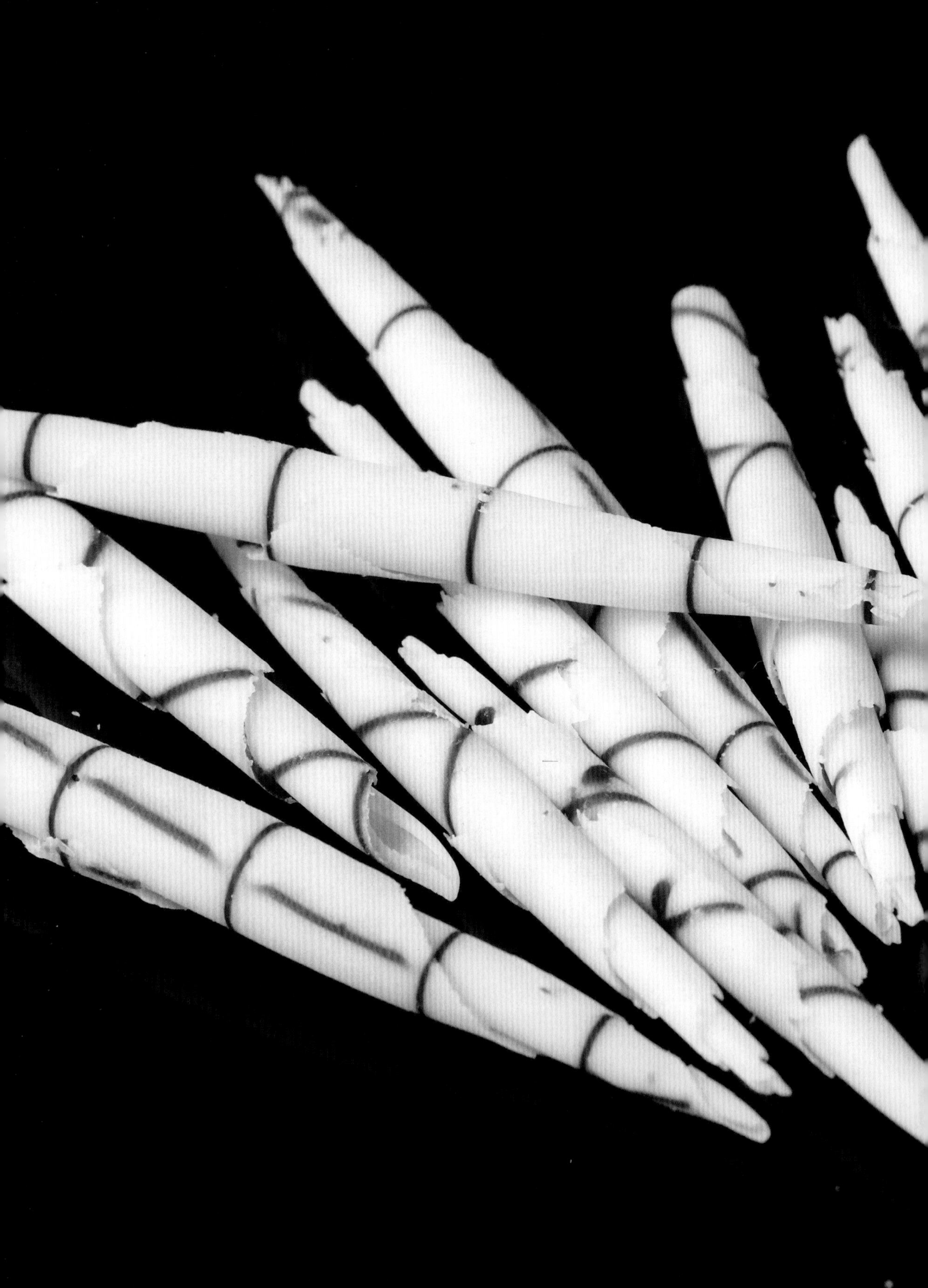

网格双尖头巧克力棒

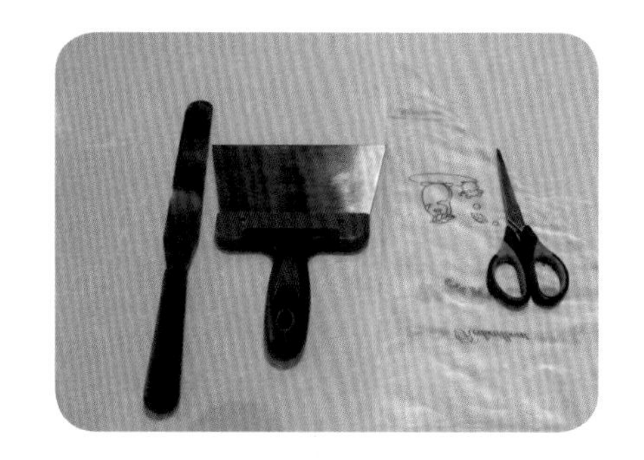

用　　途

成品多用于蛋糕装饰、甜品装饰等。

主要准备工具

抹刀

铲刀

剪刀

裱花袋

工艺流程

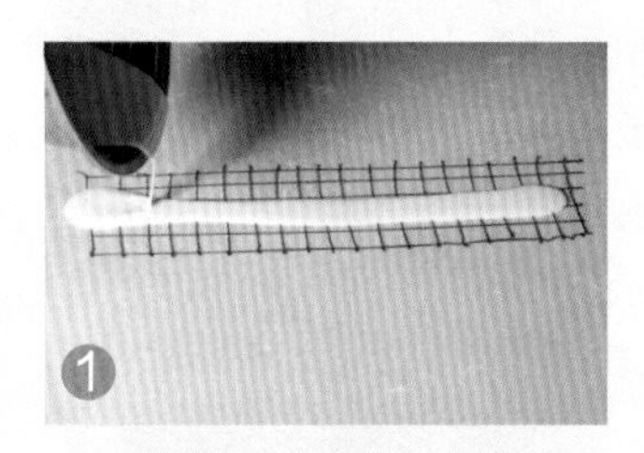

用裱花袋将融化好的黑巧克力在调好温度的大理石板上画出网格，将融化好的白巧克力涂抹在黑巧克力网格上

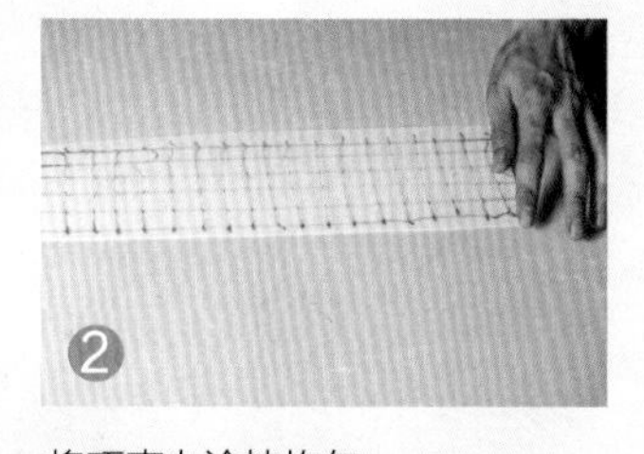

将巧克力涂抹均匀

左手放在铲刀面上，右手握住刀把，铲刀倾斜于巧克力面 30 度，将铲刀边缘抵在巧克力三角形底边上

匀速向前推动

修饰成型

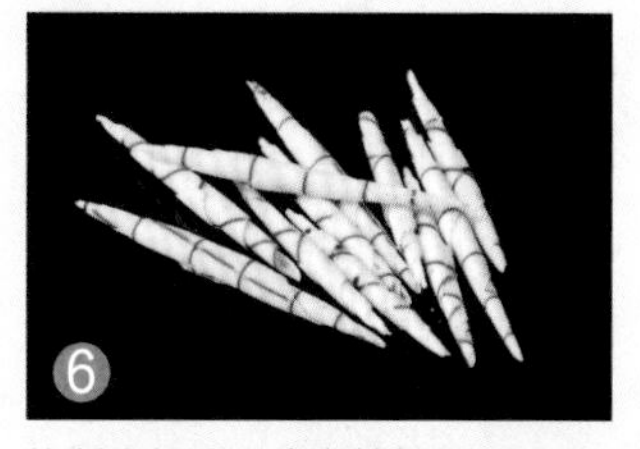

将制作好的巧克力棒摆好

操作注意事项

1. 制作巧克力前需将大理石板均匀预热到与室温相同的 22℃，巧克力温度控制在 27℃左右。
2. 黑色线条制作好后需待凝固后再铺白巧克力，避免混色。
3. 巧克力棒要粗细均匀、长短均匀。

竹节巧克力棒

用　　途

成品多用于蛋糕装饰、甜品装饰等。

主要准备工具

抹刀

铲刀

小毛刷

工艺流程

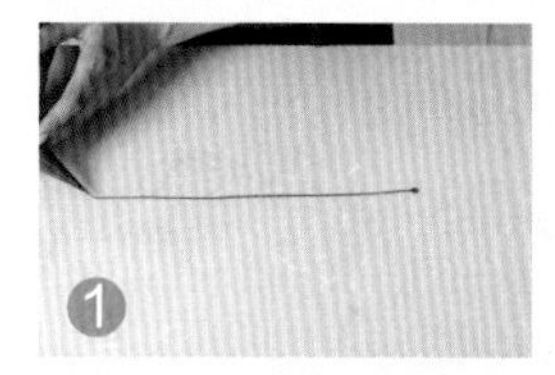

用融化好的黑巧克力在调好温度的大理石板上画出条纹

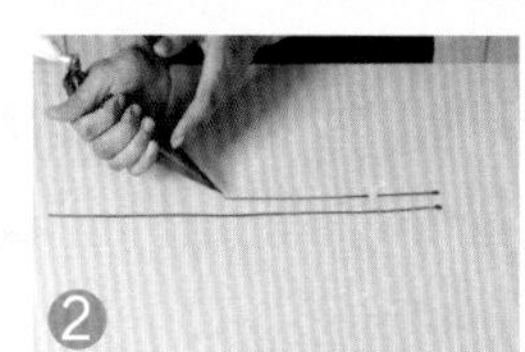

画出的线条尽量均匀

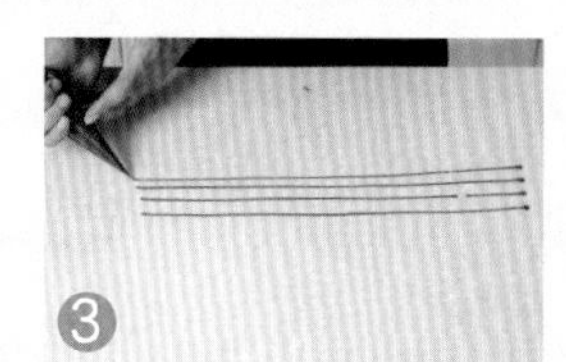

画到理想的宽度

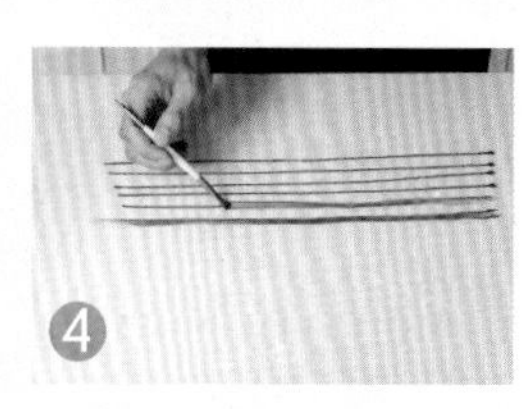

用小毛刷将线条刷开

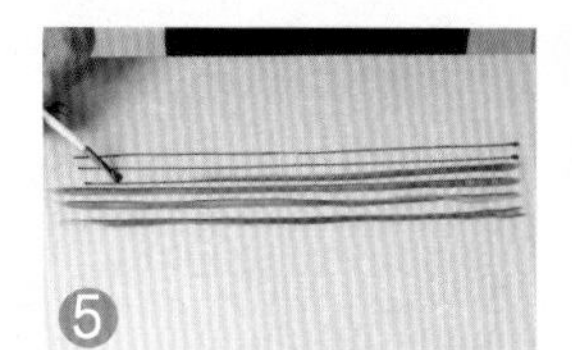

画出的线条要自然

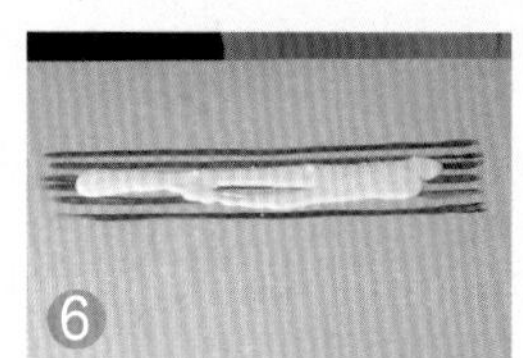

将融化好的白巧克力涂抹在黑巧克力条纹上

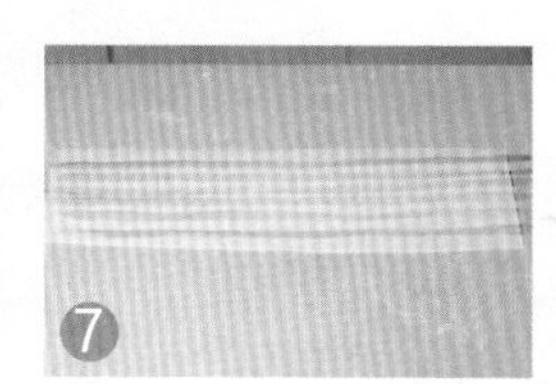

涂抹均匀，修饰边缘

左手放在铲刀面上，右手握住刀把，铲刀倾斜于巧克力面 30 度

匀速向前推动，修饰成型

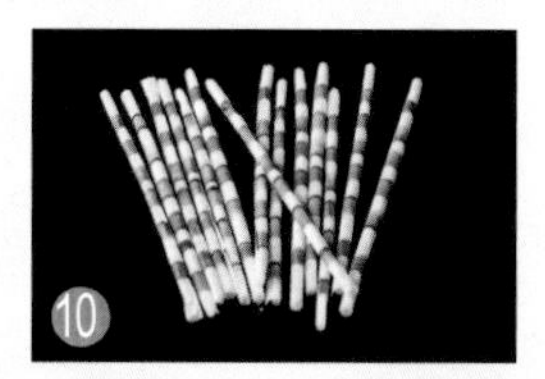

将制作好的竹节巧克力棒摆好

操作注意事项

1. 制作巧克力前需将大理石板均匀预热到与室温相同的 22℃，巧克力温度控制在 27℃左右。
2. 黑色线条制作好后需待凝固后再铺白巧克力，避免混色。
3. 巧克力棒要粗细均匀、长短均匀。

尖头五瓣花

用　　途

成品多用于蛋糕装饰、甜品装饰等。

主要准备工具

抹刀

铲刀

工艺流程

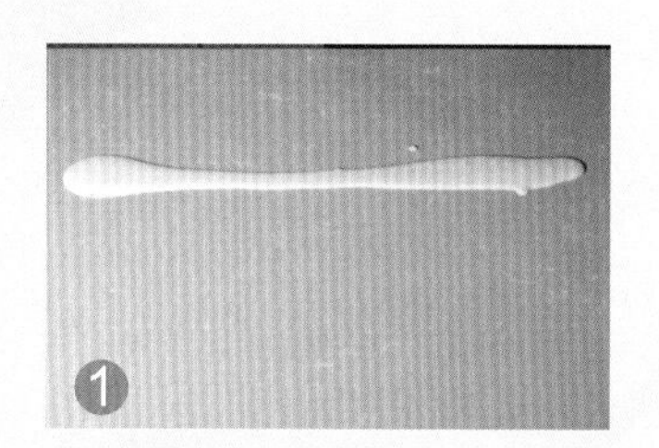

将融化好的白巧克力涂抹在调好温度的大理石板上

涂抹均匀，修饰边缘，左手放在铲刀面上，右手握住刀把

用铲刀铲出三角缺口

左手中指抵在铲刀左上角，右手握住刀把，铲刀倾斜于大理石板 30 度

匀速向前推动，将两端扣在一起，形成花型

将做好的尖头五瓣花巧克力摆好

操作注意事项

1. 制作巧克力前需将大理石板均匀预热到与室温相同的 22℃，巧克力温度控制在 27℃左右。
2. 花瓣大小要均匀。
3. 铲出花型后要趁着柔软时定型。

圆头
五瓣花

用　　途

成品多用于蛋糕装饰、甜品装饰等。

主要准备工具

抹刀

铲刀

工艺流程

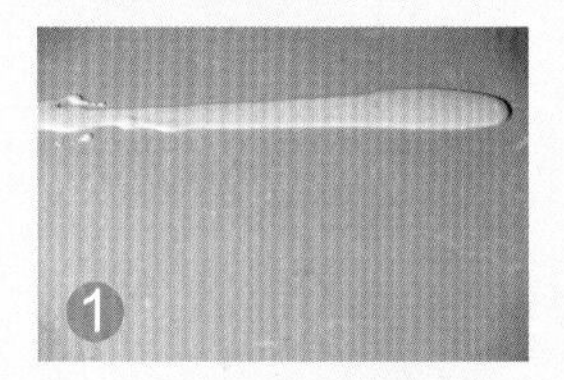

将融化好的白巧克力倒在调好温度的大理石板上

用抹刀推拉涂抹

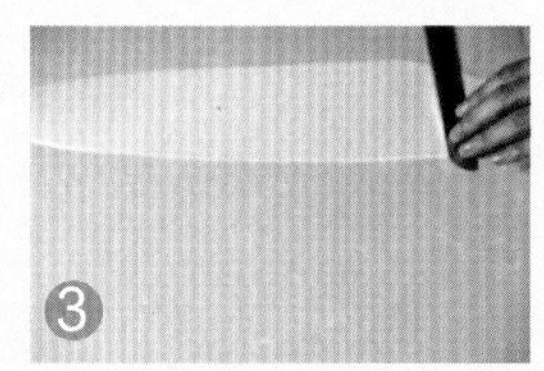

涂抹均匀

涂抹至理想宽度

修饰边缘

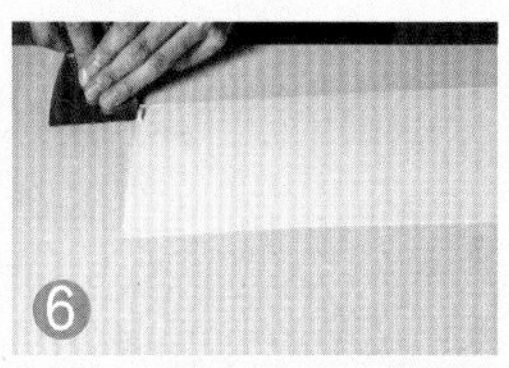

左手中指抵在铲刀左上角，右手握住刀把，铲刀倾斜于大理石板 30 度

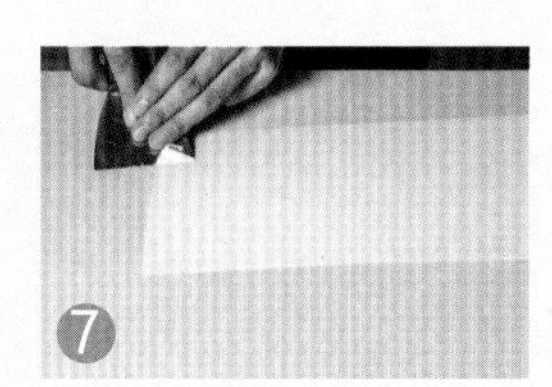

用铲刀铲出弧形缺口

每个弧形缺口要保持同等大小

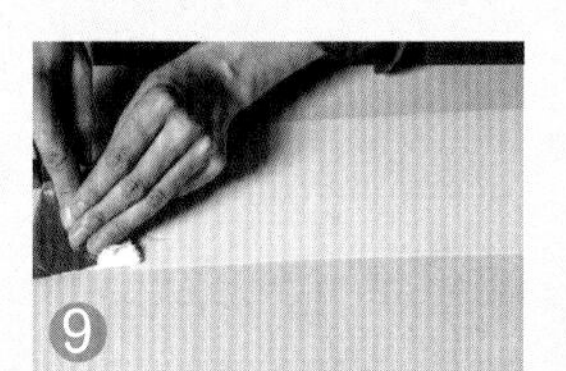

铲出五个弧形缺口

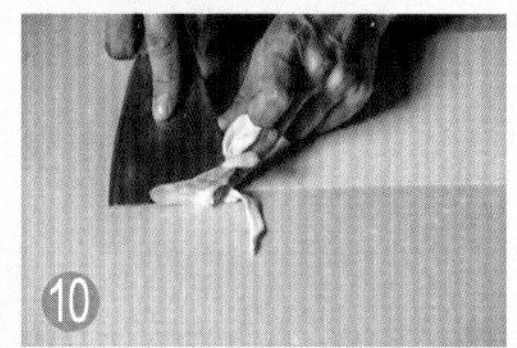

左手中指抵在铲刀左上角，右手握住刀把，铲刀倾斜于大理石板 30 度

将两端扣在一起，形成花型

将做好的圆头五瓣花巧克力摆好

操作注意事项

1. 制作巧克力前需将大理石板均匀预热到与室温相同的 22℃，巧克力温度控制在 27℃左右。
2. 花瓣大小要均匀。
3. 铲出花型后要趁着柔软时定型。

第四节 / 创意巧克力装饰件

蜂窝

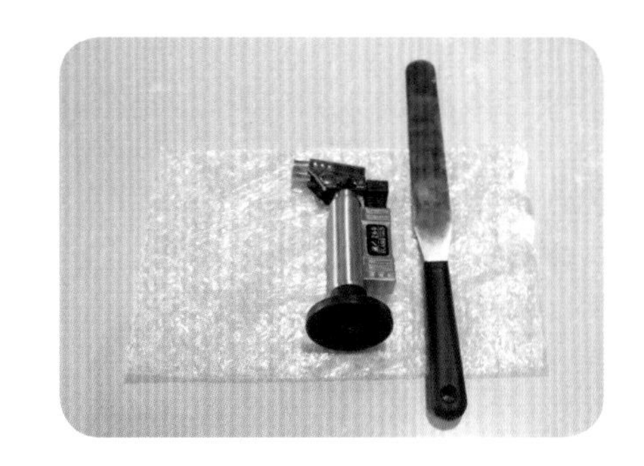

用　　途

成品多用于蛋糕装饰、甜品装饰等。

主要准备工具

泡泡纸　火枪　抹刀

工艺流程

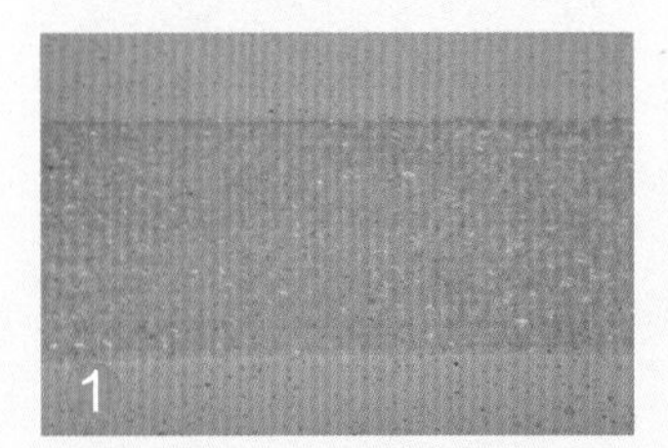

将泡泡纸平铺在大理石表面上

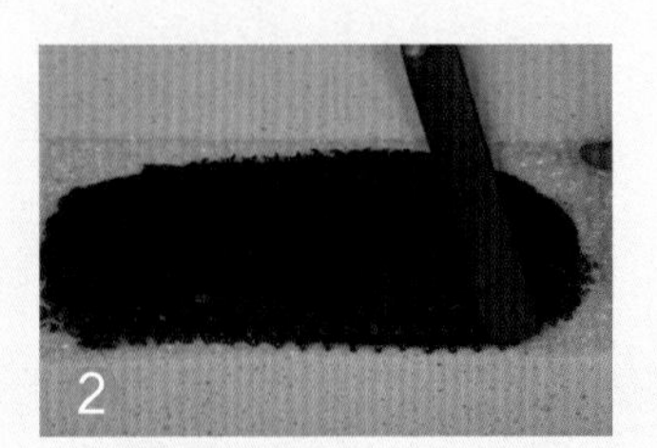

在泡泡纸上倒上融化好的黑巧克力，并抹平

待巧克力凝固后，将泡泡纸揭下

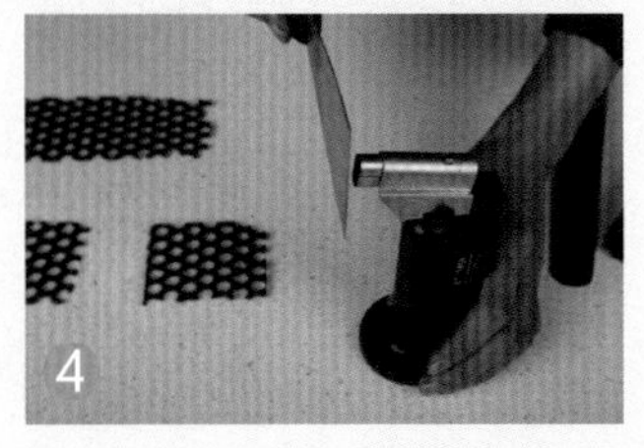

将铲刀进行加热，在巧克力上切出长方形

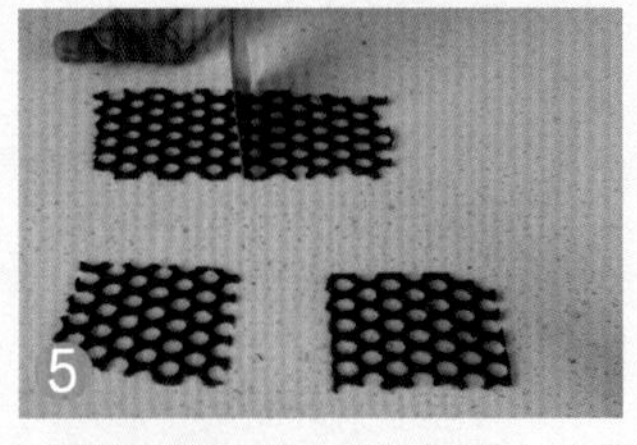

对铲刀进行加热，在巧克力上切出等边的正方形

放在平面上，即可得到中间镂空的正方形巧克力装饰片

操作注意事项

1. 制作巧克力前需将大理石板均匀预热到与室温相同的 22℃，巧克力温度控制在 27℃左右。
2. 泡泡纸要保持清洁，无水无杂质，不要使用被破坏掉的泡泡纸。
3. 制作成型后，需将整板倒扣，揭掉泡泡纸。

火焰

用　　途

成品多用于蛋糕装饰、甜品装饰等。

主要准备工具

玻璃纸　裱花袋　剪刀　小刀

工艺流程

准备一张长方形的玻璃纸，在玻璃纸上挤出水滴形巧克力

在玻璃纸上挤满水滴形状巧克力

用小刀在巧克力上画出花纹

将所有的水滴形巧克力都画出花纹，等待巧克力凝固

放在平面上，火焰巧克力就做好了

操作注意事项

1. 制作巧克力前需将大理石板均匀预热到与室温相同的 22℃，巧克力温度控制在 27℃左右。
2. 巧克力要保持液体状，有流淌性，火焰两侧形态要对称 。

尖头柱体

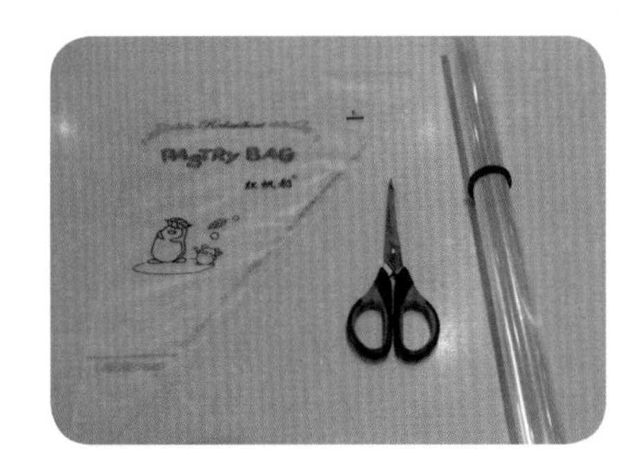

用　　途

成品多用于蛋糕装饰、甜品装饰等。

主要准备工具

裱花袋　剪刀　玻璃纸

工艺流程

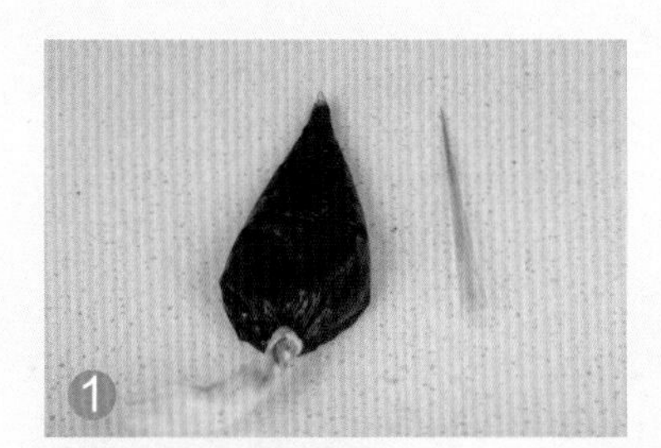
将玻璃纸做成锥子形状模具

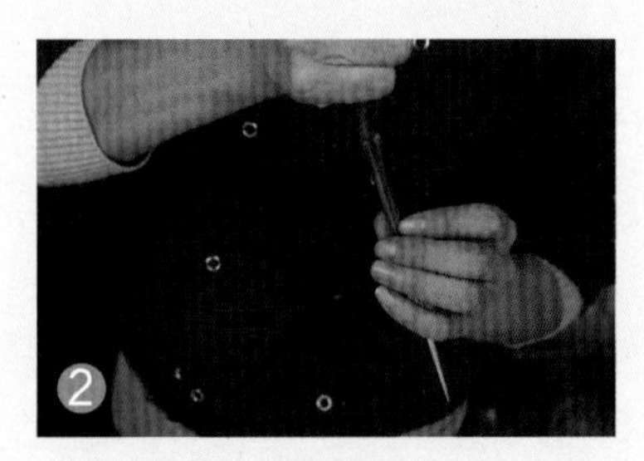
将融化好的巧克力装在模具内

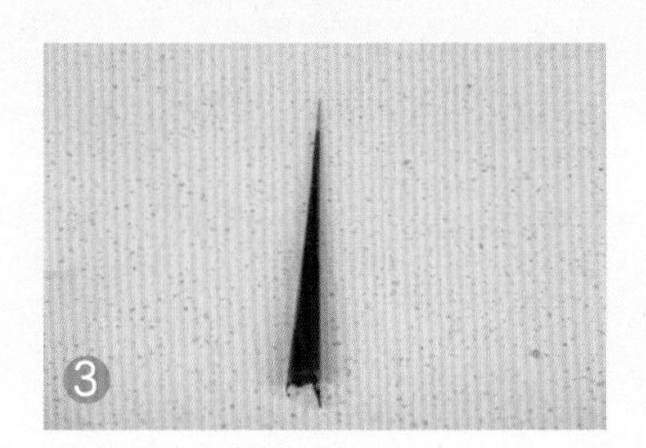
等待巧克力凝固

脱模后即可得到尖头柱体巧克力装饰件

操作注意事项

1. 制作巧克力前需将大理石板均匀预热到与室温相同的 22℃，巧克力温度控制在 27℃左右。
2. 将透明玻璃纸卷成锥体状时，尖端要紧密，避免巧克力溢出。

空心网短柱体

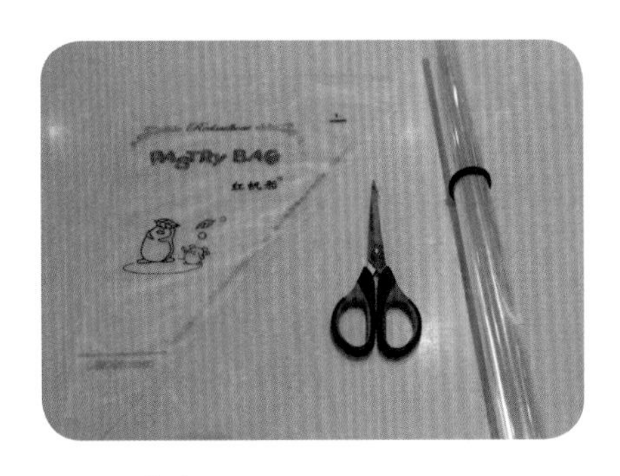

用　途

成品多用于蛋糕装饰、甜品装饰等。

主要准备工具

玻璃纸　剪刀　裱花袋

工艺流程

准备玻璃纸和融化好的巧克力

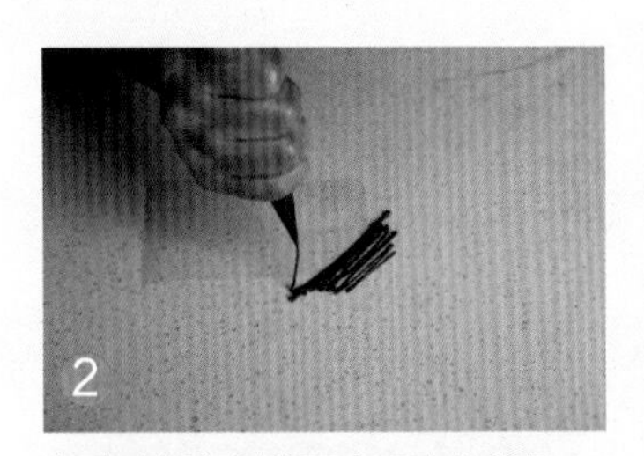

在玻璃纸上斜着画出巧克力线条

在另一个方向斜着画出巧克力线条

待巧克力稍稍凝固后将巧克力卷起

放在平面上，即可得到空心网短柱体巧克力装饰件

操作注意事项

1. 制作巧克力前需将大理石板均匀预热到与室温相同的 22℃，巧克力温度控制在 27℃左右。
2. 巧克力保持黏稠状态装入裱花袋，条纹要清晰规整。
3. 要趁巧克力柔软时卷成空心柱体。

空心网长柱体

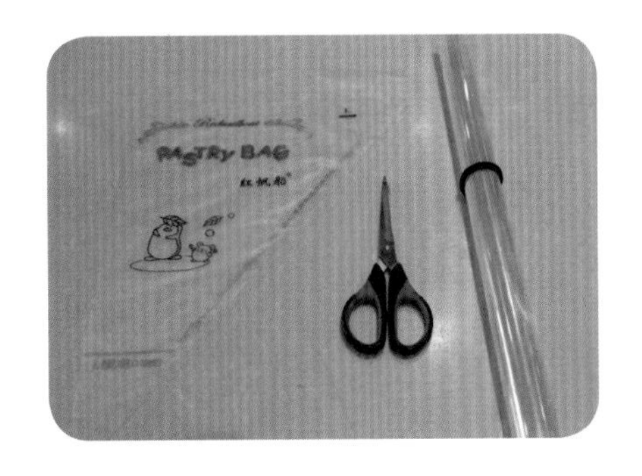

用　途

成品多用于蛋糕装饰、甜品装饰等。

主要准备工具

玻璃纸　裱花袋　剪刀

工艺流程

准备一张长方形的玻璃纸和融化好的黑巧克力

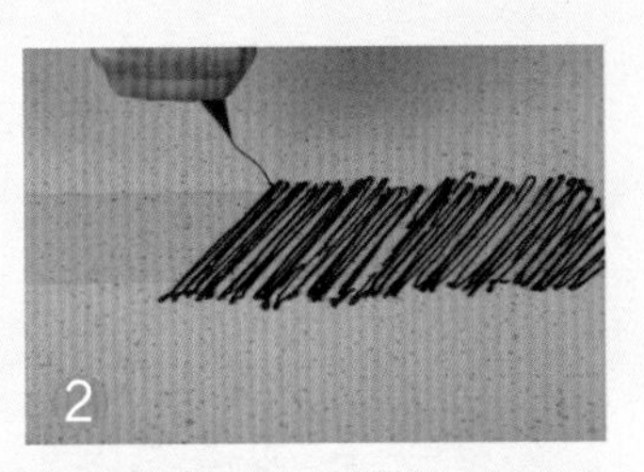

在玻璃纸的表面斜着挤出巧克力线条

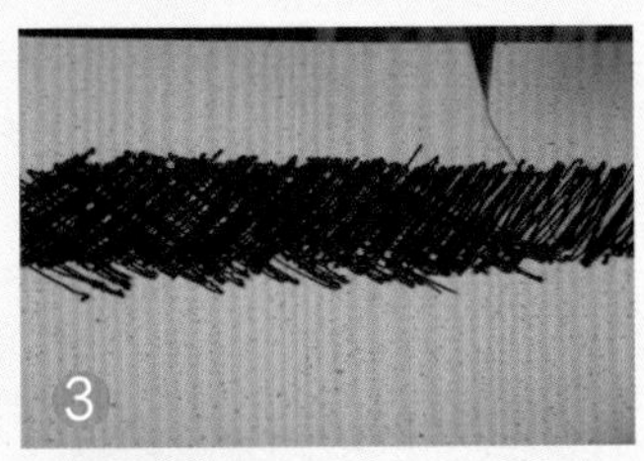

在已画线条垂直的方向继续挤出巧克力线条

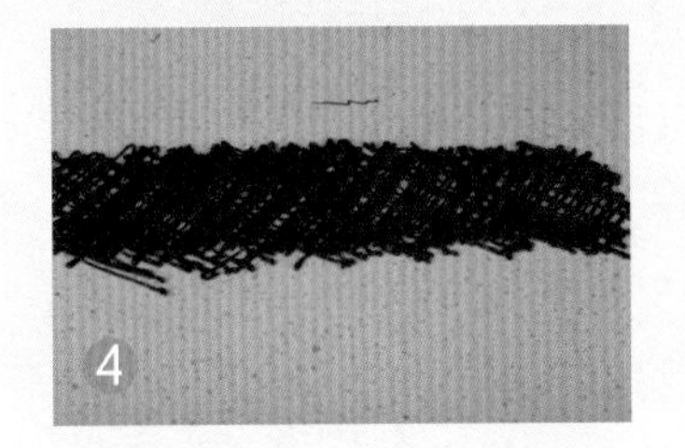

等待巧克力凝固

将玻璃纸卷成直筒状，然后将玻璃纸取下

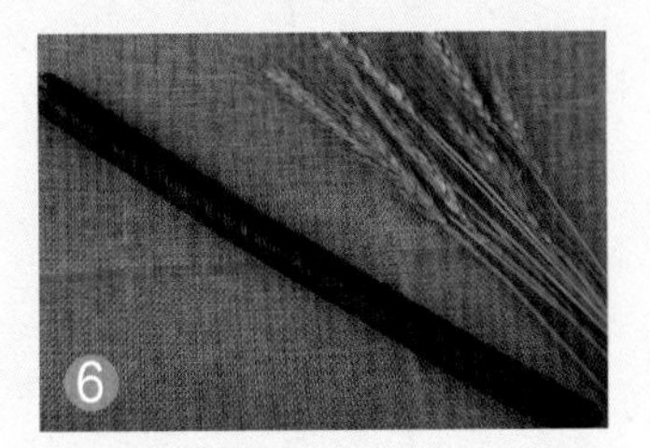

放在平面上，即可得到空心网长柱体巧克力装饰件

操作注意事项

1. 制作巧克力前需将大理石板均匀预热到与室温相同的 22℃，巧克力温度控制在 27℃左右。
2. 巧克力保持黏稠状态装入裱花袋，条纹要清晰规整。
3. 要趁巧克力柔软时卷成空心柱体。

浪花

工艺流程

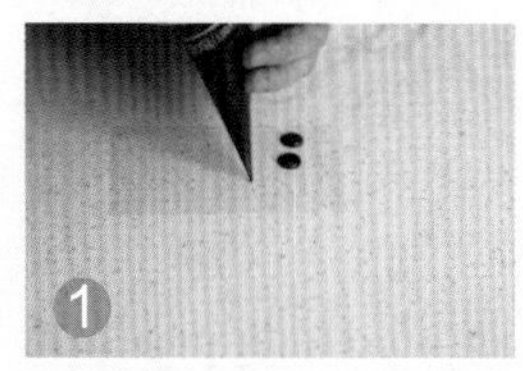

在玻璃纸上挤出巧克力圆点

用手指斜着画出花纹

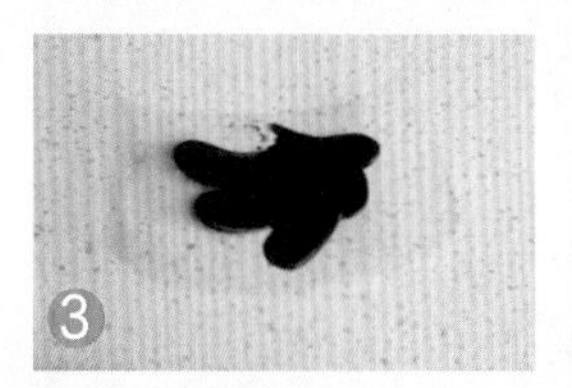

待巧克力表面凝固

脱模后即得到浪花状巧克力装饰件

用　　途

成品多用于蛋糕装饰、甜品装饰等。

主要准备工具

玻璃纸　裱花袋　剪刀

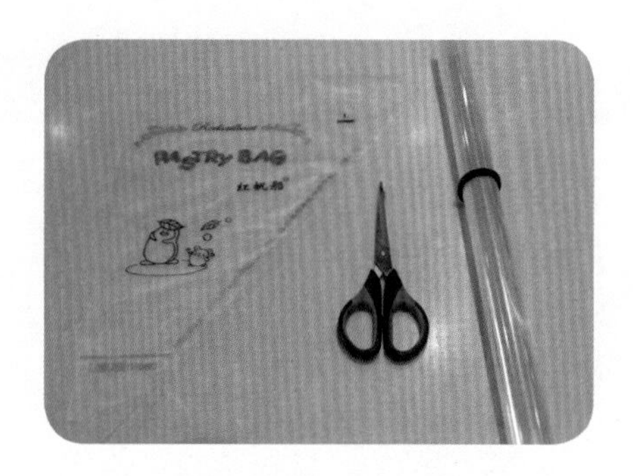

操作注意事项

1. 制作巧克力前需将大理石板均匀预热到与室温相同的 22℃，巧克力温度控制在 27℃左右。
2. 巧克力保持黏稠状态装入裱花袋。
3. 用手指划出图纹时，要与大理石案台保持 1 毫米距离，避免划透。

螺纹卷

用　途

成品多用于蛋糕装饰、甜品装饰等。

主要准备工具

抹刀　挖球器

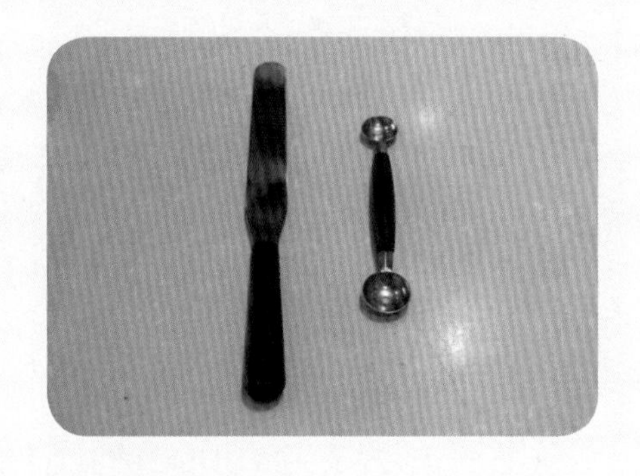

操作注意事项

1. 制作巧克力前需将大理石板均匀预热到与室温相同的22℃，巧克力温度控制在27℃左右。
2. 力度要均匀流畅，成品要长短一致。

工艺流程

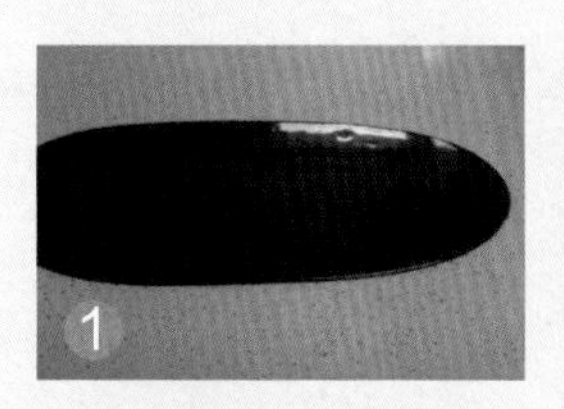

将融化好的巧克力倒在大理石板上

用抹刀将巧克力抹匀，等待巧克力表面稍微凝固

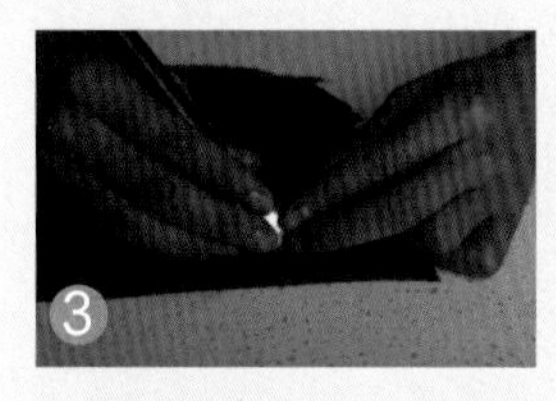

用挖球器与巧克力成60度角，向下推起

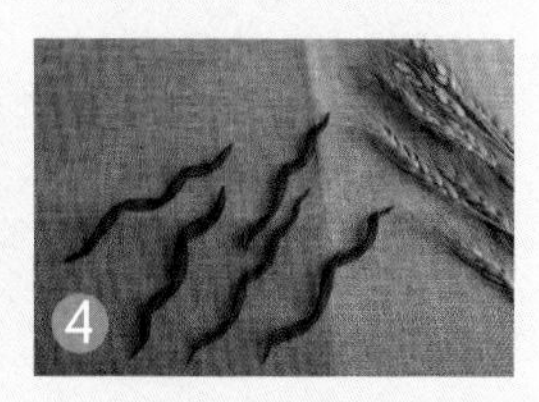

放在平面上，即可得到螺纹卷巧克力装饰件

怦然心动

工艺流程

准备玻璃纸

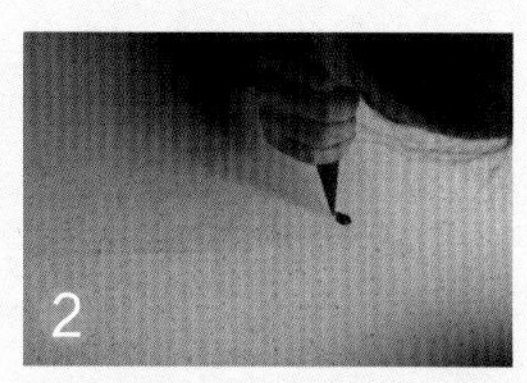

在玻璃纸上用巧克力画出心形图案

画完之后等巧克力表面凝固即可脱模

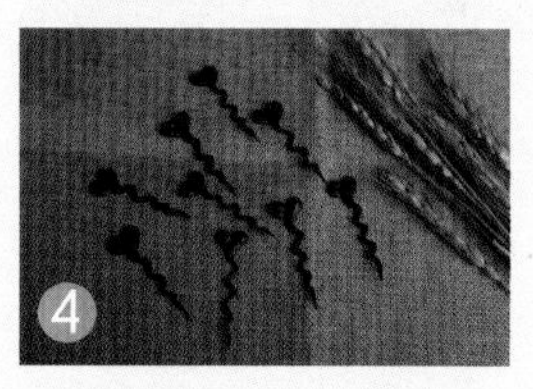

放在平面上，即可得到怦然心动巧克力装饰件

用　途

成品多用于蛋糕装饰、甜品装饰等。

主要准备工具

玻璃纸　剪刀　裱花袋

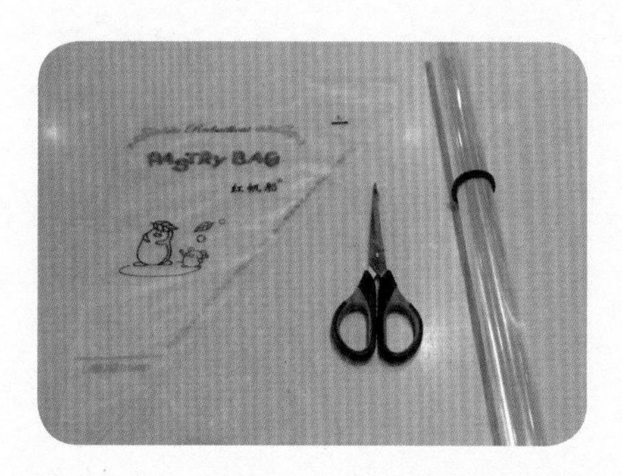

操作注意事项

1. 制作巧克力前需将大理石板均匀预热到与室温相同的 22℃，巧克力温度控制在 27℃左右。
2. 巧克力保持黏稠状态装入裱花袋。
3. 心形部分要对称，波浪线部分要长短保持一致。

蚊香

用　途

成品多用于蛋糕装饰、甜品装饰等。

主要准备工具

转盘　裱花袋　剪刀　玻璃纸

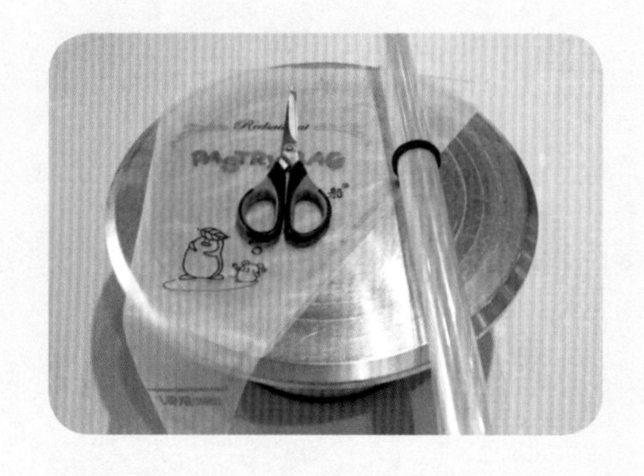

操作注意事项

1. 制作巧克力前需将大理石板均匀预热到与室温相同的 22℃，巧克力温度控制在 27℃左右。

2. 巧克力保持黏稠状态装入裱花袋。

3. 转盘需匀速转动，裱花袋需逐渐向外侧移动，力度要均匀 。

工艺流程

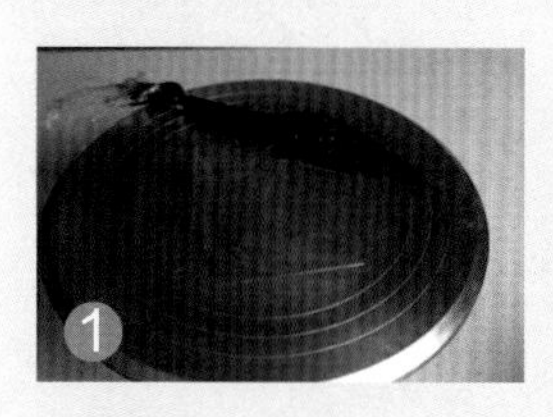

准备转盘、玻璃纸、融化的巧克力

在转盘上放玻璃纸，用巧克力挤出线条，边转转盘边挤巧克力

挤线条时要保证距离一致，待巧克力凝固后进行脱模

放在平面上，即可得到蚊香状巧克力装饰件

皇冠

工艺流程

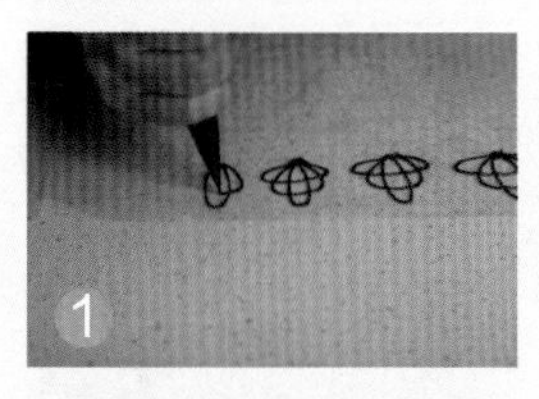

用裱花袋装好巧克力在玻璃纸上画出三个不同方向的椭圆形

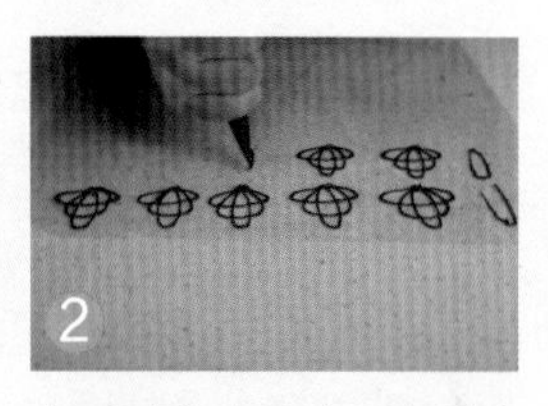

在玻璃纸上画出所有的皇冠图案，等待巧克力凝固

脱模后即可得到皇冠形巧克力装饰件

用　　途

成品多用于蛋糕装饰、甜品装饰等。

主要准备工具

裱花袋　剪刀　玻璃纸

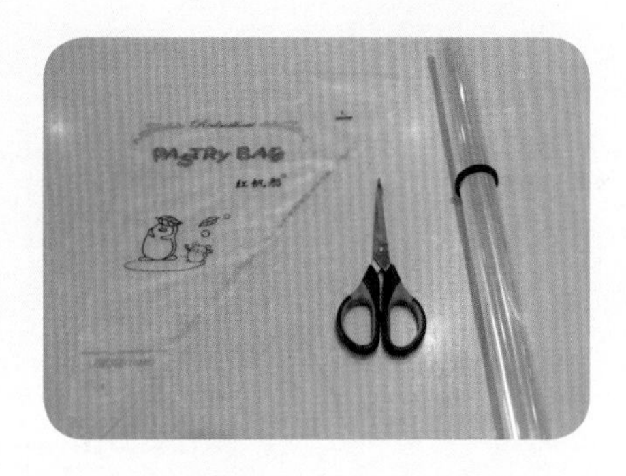

操作注意事项

1. 制作巧克力前需将大理石板均匀预热到与室温相同的 22℃，巧克力温度控制在 27℃左右。
2. 巧克力保持黏稠状态装入裱花袋。
3. 线条要流畅、力度均匀、成品大小一致。

小蜗牛

用　　途

成品多用于蛋糕装饰、甜品装饰等。

主要准备工具

抹刀　挖球器

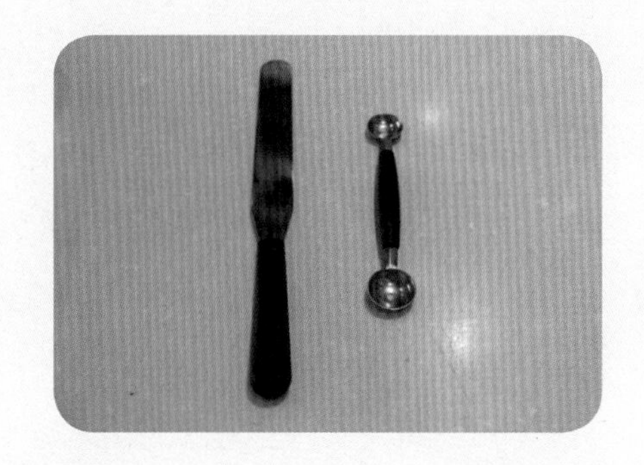

操作注意事项

1. 制作巧克力前需将大理石板均匀预热到与室温相同的 22℃，巧克力温度控制在 27℃左右。
2. 巧克力板要稍厚些，避免刮透。
3. 操作时要力度均匀，成品大小一致，蜗牛卷中心保证无空隙。

工艺流程

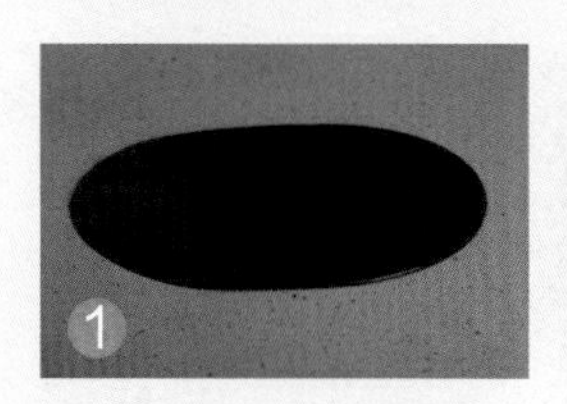

将融化好的巧克力倒在大理石桌面上，并用抹刀抹平

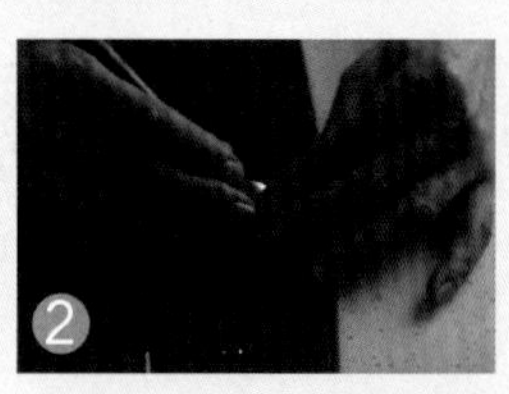

待巧克力表面凝固后，用挖球器在巧克力表面向下挖

将挖出的巧克力放在平面上，即可得到蜗牛状的巧克力装饰件

换另一种角度，也可得到另一种形态

音符

工艺流程

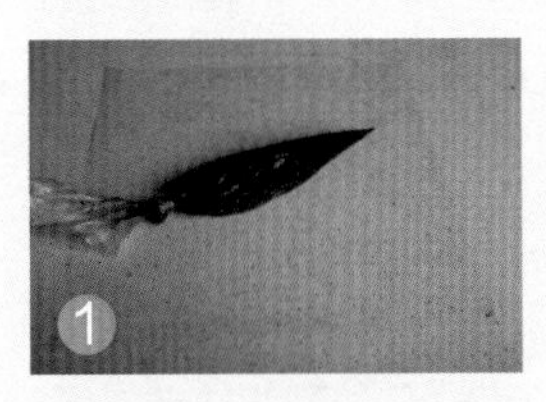

准备玻璃纸和融化的巧克力

在玻璃纸上画出高音符号

待巧克力凝固后进行脱模

放在平面上，即可得到音符状巧克力装饰件

用　途

成品多用于蛋糕装饰、甜品装饰等。

主要准备工具

裱花袋　剪刀　玻璃纸

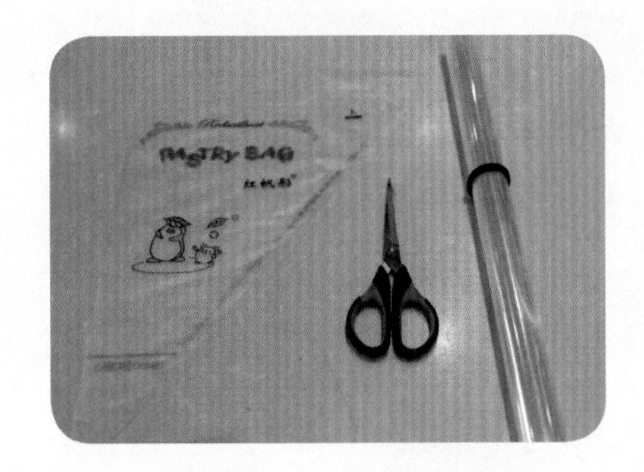

操作注意事项

1. 制作巧克力前需将大理石板均匀预热到与室温相同的 22℃，巧克力温度控制在 27℃左右。
2. 巧克力保持黏稠状态装入裱花袋。
3. 操作时要保持线条流畅、力度均匀。

羽毛

用　途

成品多用于蛋糕装饰、甜品装饰等。

主要准备工具

玻璃纸　火枪　抹刀　魔术棒

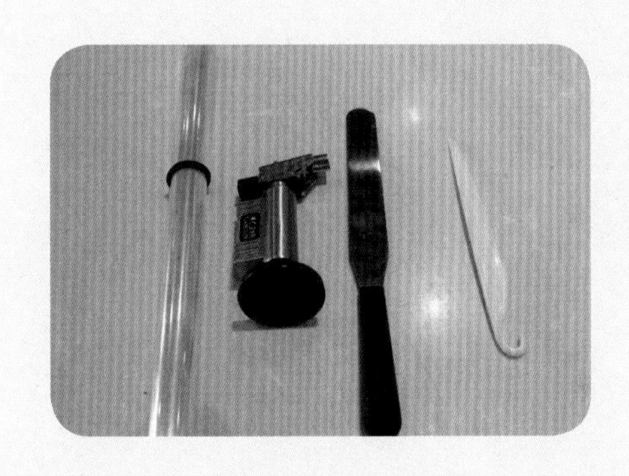

操作注意事项

1. 制作巧克力前需将大理石板均匀预热到与室温相同的 22℃，巧克力温度控制在 27℃左右。
2. 巧克力的边缘不可过薄，羽毛缺口要自然，弧度要尽量自然。

工艺流程

准备一张长方形的玻璃纸，用魔术棒粘黑巧克力

将魔术棒放在玻璃纸上，然后向上提起并向后拉

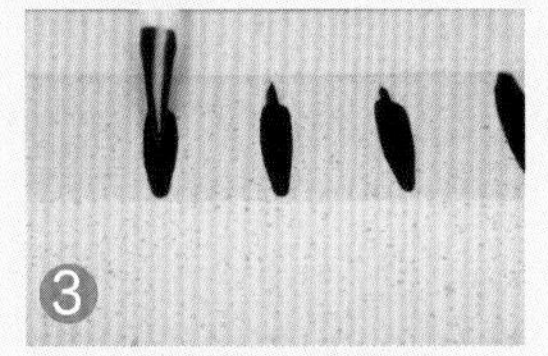

重复步骤一和步骤二，得到多个羽毛的形状

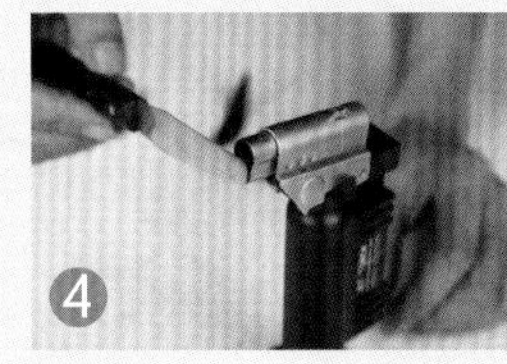

加热抹刀

用抹刀将凝固的巧克力羽毛的两侧烫出锯齿

放在平面上，即可得到羽毛形状的巧克力装饰件

羽翼

工艺流程

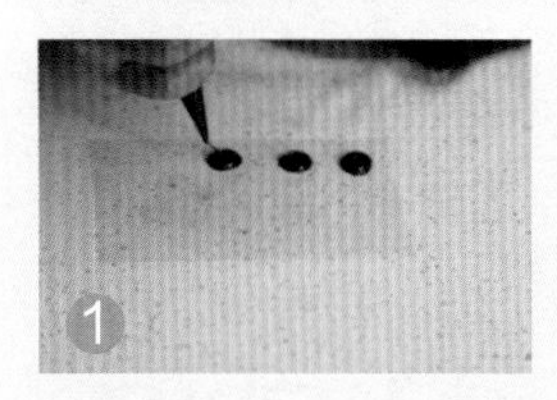

在玻璃纸上挤出巧克力圆点

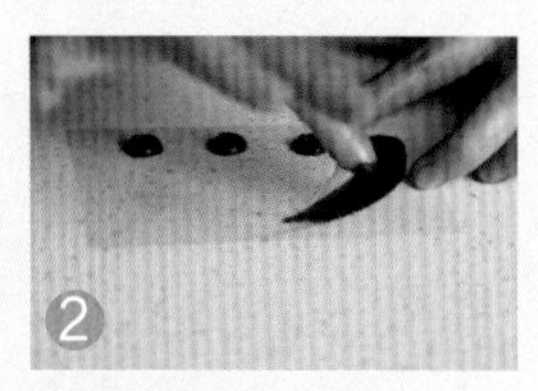

用食指斜着画出巧克力花纹

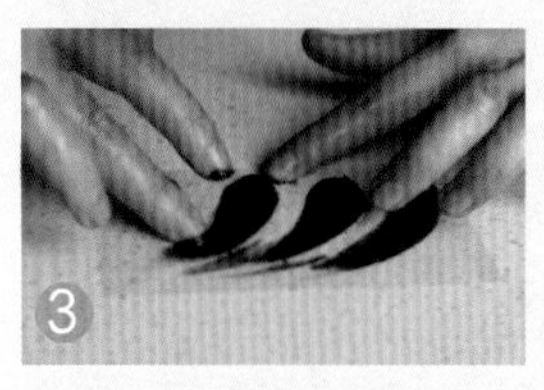

待所有图形都画好后，将巧克力放在玻璃纸上定型，待凝固后进行脱模

放在平面上，即可得到羽翼状巧克力装饰件

用　　途

成品多用于蛋糕装饰、甜品装饰等。

主要准备工具

玻璃纸　剪刀　裱花袋

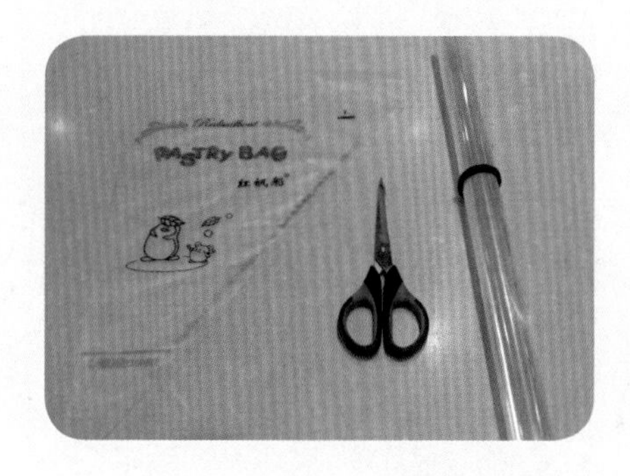

操作注意事项

1. 制作巧克力前需将大理石板均匀预热到与室温相同的 22℃，巧克力温度控制在 27℃左右。
2. 巧克力保持黏稠状态装入裱花袋。
3. 用手指划出图纹时，与大理石案台要保持 1 毫米距离，避免划透。

圆形网格

用　　途

成品多用于蛋糕装饰、甜品装饰等。

主要准备工具

玻璃纸　裱花袋　剪刀　圆形套模

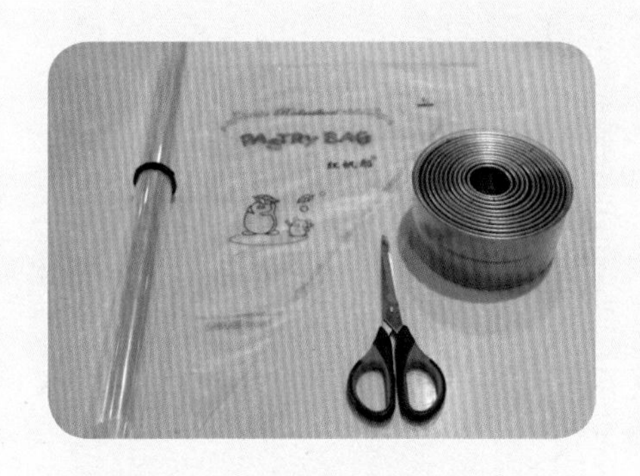

操作注意事项

1. 制作巧克力前需将大理石板均匀预热到与室温相同的 22℃，巧克力温度控制在 27℃左右。
2. 巧克力保持黏稠状态装入裱花袋。
3. 操作时要让线条清晰规整、力度均匀。
4. 要趁巧克力柔软时用圆形套模卡出形状。

工艺流程

在玻璃纸上斜着挤出巧克力线条

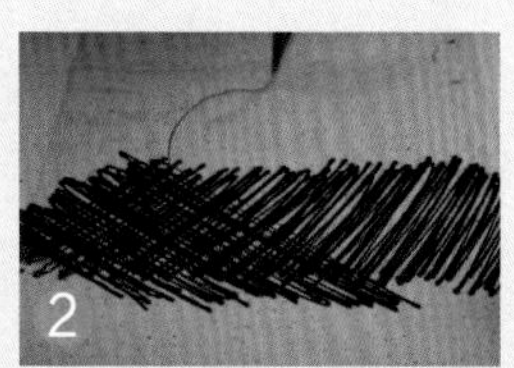

在另一个方向上斜着挤出巧克力线条

待巧克力凝固后用圆形套模在巧克力表面切出圆形

放在平面上即可得到圆形网格状巧克力装饰件

指纹弧线

工艺流程

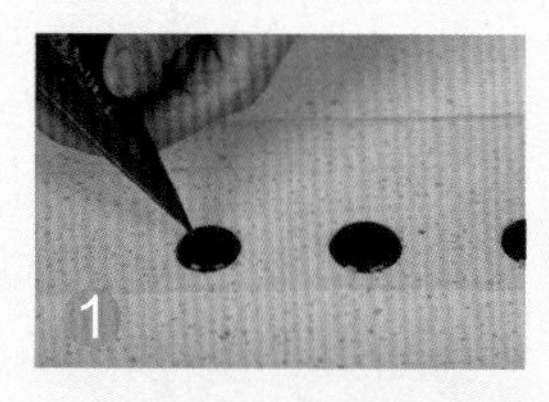

准备一张长方形的玻璃纸，平放在桌面上，然后用装好巧克力的裱花袋在玻璃纸上挤出大小一致的圆形

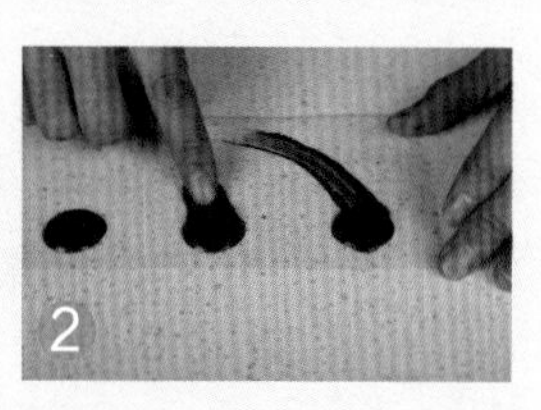

用食指在巧克力上斜着向下按压

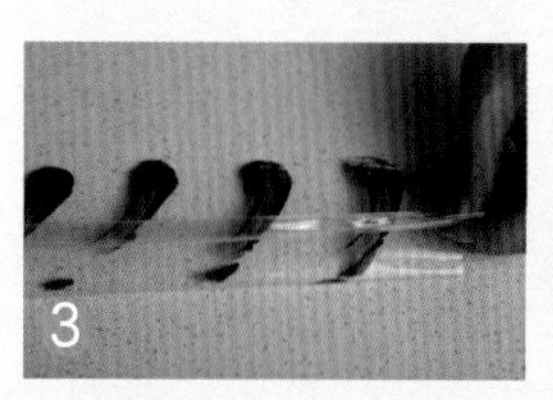

把所有的巧克力都按照同样的方法画出，待巧克力凝固后进行脱模

放在平面上，即可得到指纹弧线状巧克力装饰件

用　　途

成品多用于蛋糕装饰、甜品装饰等。

主要准备工具

玻璃纸　裱花袋　剪刀

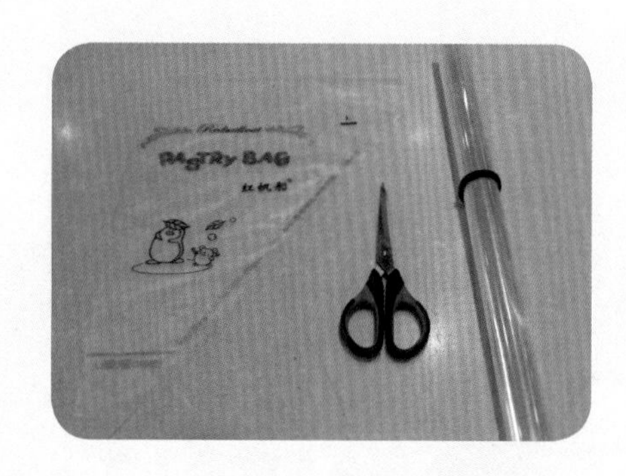

操作注意事项

1. 制作巧克力前需将大理石板均匀预热到与室温相同的 22℃，巧克力温度控制在 27℃左右。
2. 巧克力保持黏稠状态装入裱花袋。
3. 用手指划出图纹时，与大理石案台要保持 1 毫米距离，避免划透。

第三章　模具类巧克力

第一节 / 亚克力模具

巧克力半球

用　途

其成品多作为制作巧克力糖果及大型巧克力雕塑的装饰。

主要准备工具

裱花袋　剪刀　亚克力半球模具

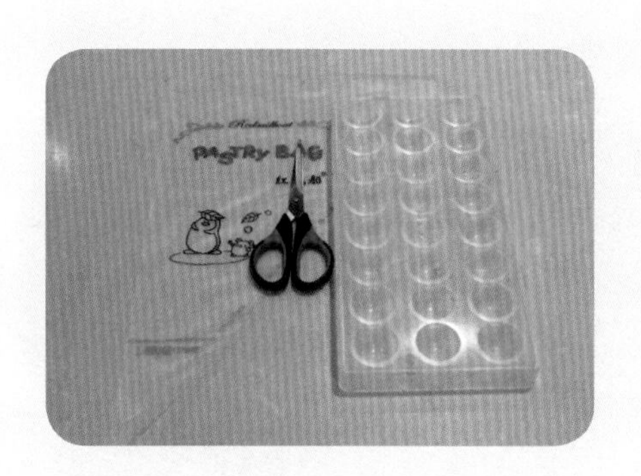

操作注意事项

1. 巧克力温度控制在 27℃左右。
2. 亚克力半球模具要保持清洁，不可用热水清洗。
3. 遇凉后取出，表面更为光泽。

工艺流程

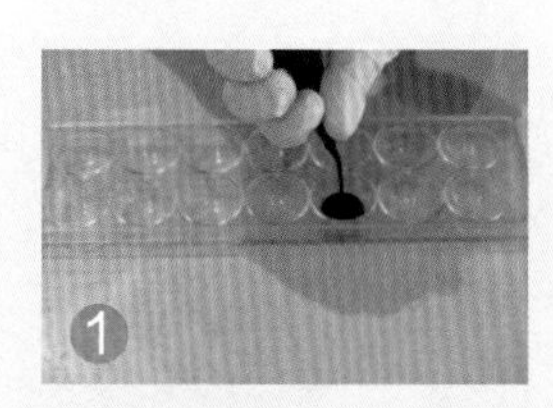

将调好温度的巧克力灌入干净的模具中

将灌好的巧克力冷却

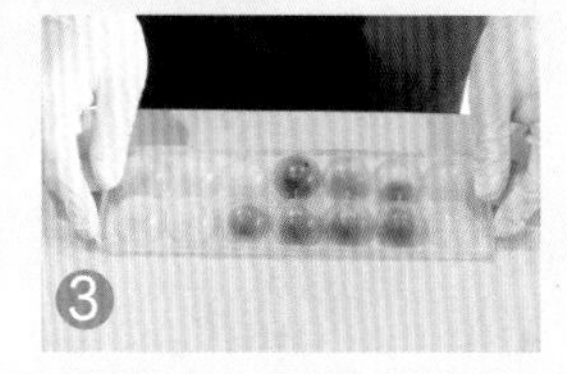

倒扣脱模

巧克力半球就做好了

巧克力玫瑰

工艺流程

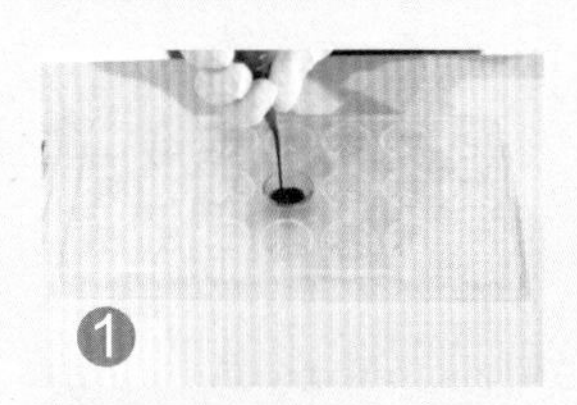

将调好温度的巧克力灌入干净的模具中

不要灌得过多以免溢出来

冷却

脱模

用　　途

其成品多作为制作巧克力糖果及大型巧克力雕塑的装饰。

主要准备工具

亚克力玫瑰模具

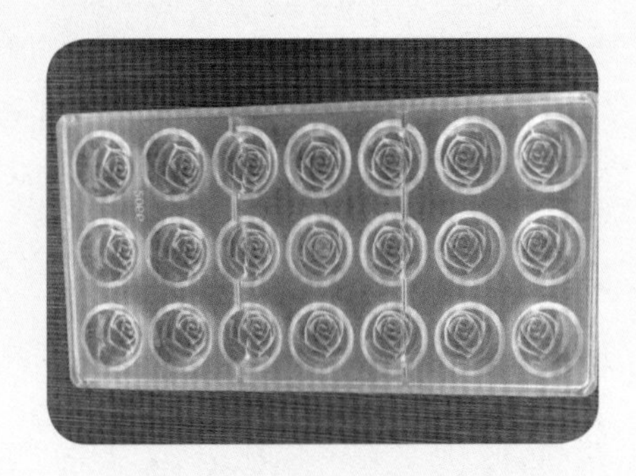

操作注意事项

1. 巧克力温度控制在 27℃左右。
2. 亚克力玫瑰模具要保持清洁，不可用热水清洗。
3. 遇凉后取出，表面更为光泽。

第二节 / 硅胶模具

立体心形

用　　途

其成品多作为制作巧克力糖果及大型巧克力雕塑的装饰。

主要准备工具

裱花袋　剪刀　硅胶心形模具

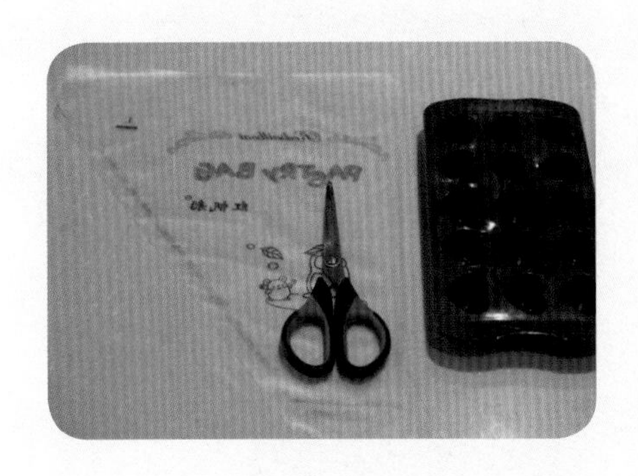

操作注意事项

1. 巧克力温度控制在 27℃左右。
2. 硅胶心形模具要保持清洁，不可用热水清洗。
3. 遇凉后取出，表面更为光泽。

工艺流程

将调好温度的巧克力灌入干净的模具中

冷却脱模

修饰边缘

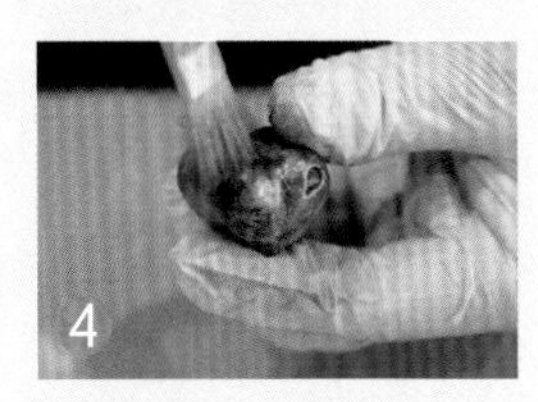

将巧克力刷上金色色粉

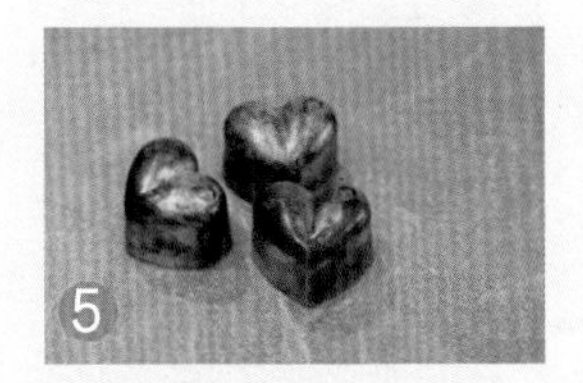

将做好的立体心形巧克力摆好

小皮鞋

工艺流程

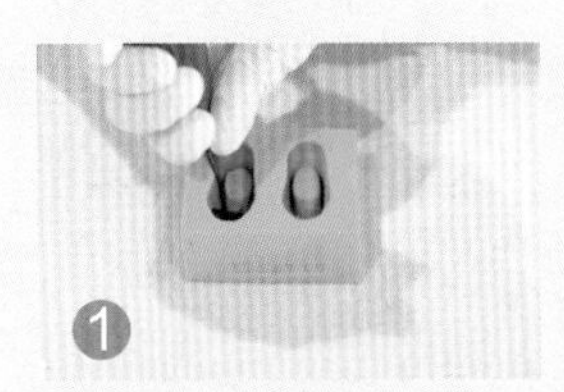

将调好温度的巧克力灌入干净的模具中

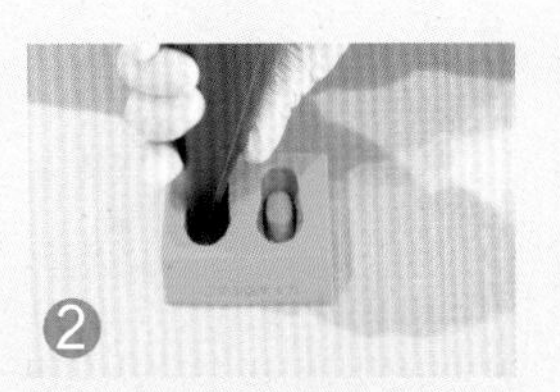

均匀灌入，避免里面有气泡

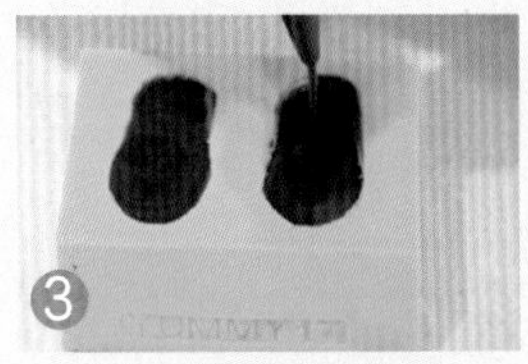

不要灌得过满以免溢出

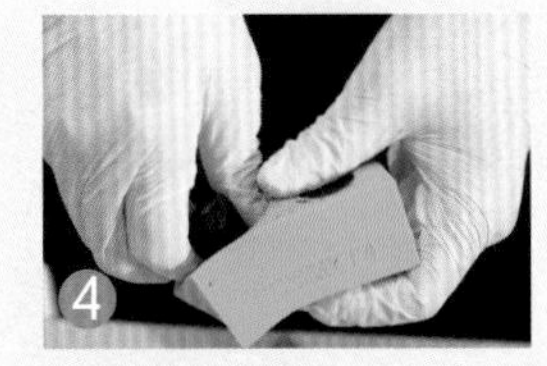

冷却脱模

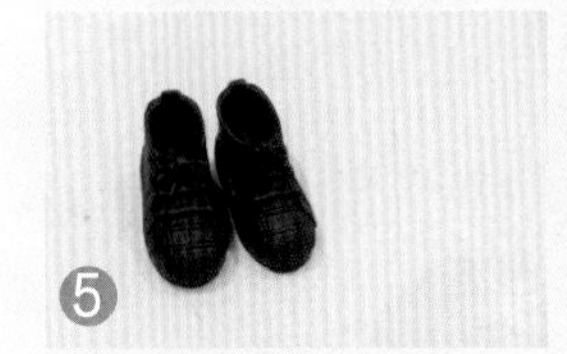

修饰边缘

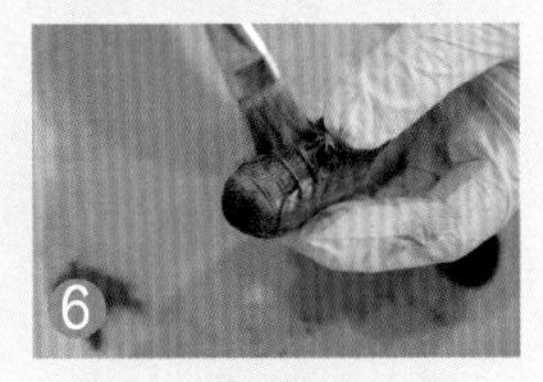

将巧克力刷成铜色

小皮鞋巧克力就做好了

用　　途

其成品多作为制作巧克力糖果及大型巧克力雕塑的装饰。

主要准备工具

硅胶小皮鞋模具

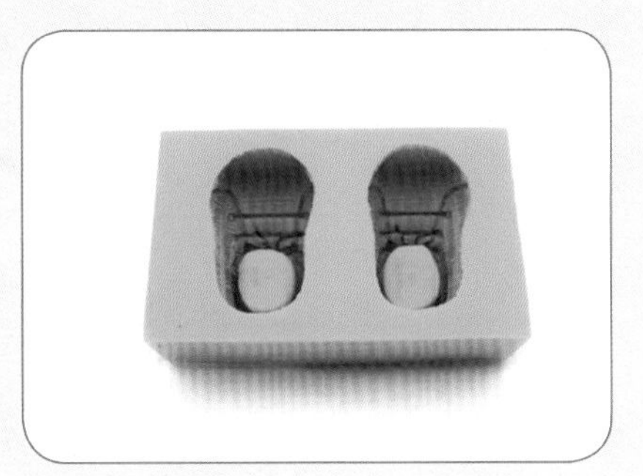

操作注意事项

1. 巧克力温度控制在 27℃左右。
2. 硅胶小皮鞋模具要保持清洁，不可用热水清洗。
3. 遇凉后取出，表面更为光泽。

椎体

用　途

其成品多作为制作巧克力糖果及大型巧克力雕塑的装饰。

主要准备工具

剪刀

裱花袋

硅胶椎体模具

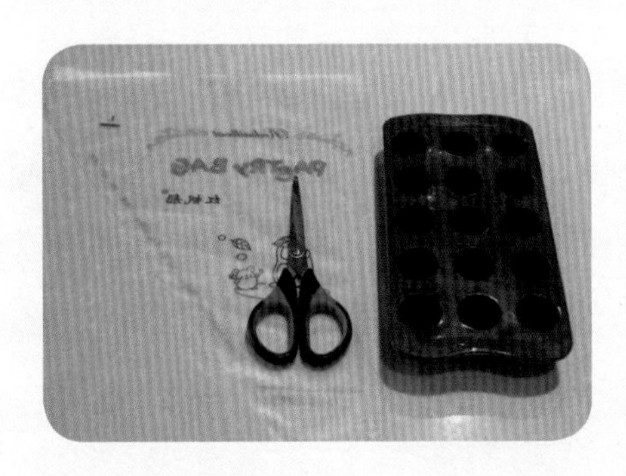

操作注意事项

1. 巧克力温度控制在 27℃左右。
2. 硅胶椎体模具要保持清洁，不可用热水清洗。
3. 遇凉后取出，表面更为光泽。

工艺流程

将干净的模具刷上金色色粉

将调好温度的巧克力灌入模具中

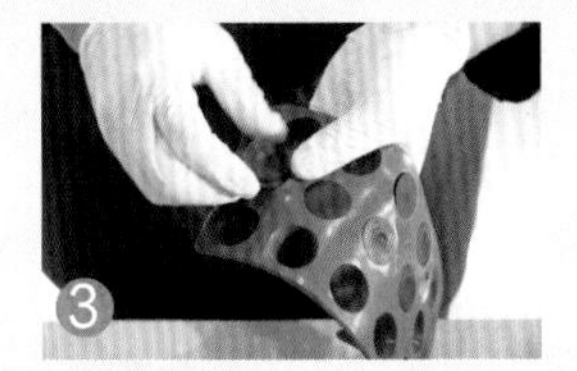

冷却脱模

修饰边缘

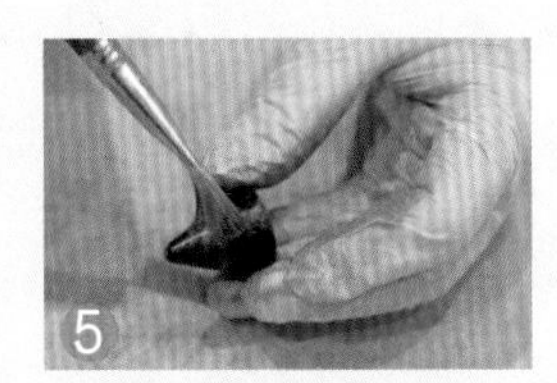

将巧克力刷成金属色

将做好的椎体巧克力摆好

第四章　可塑巧克力的制作

第一节 / 可塑巧克力的制作方法

原料：

巧克力	200g
麦芽糖	50g（因天气情况而定）

方法：

将巧克力融化，拌入麦芽糖，顺时针搅拌，温度控制为38℃~45℃，搅拌均匀后，盖上保鲜膜，静置一夜，揉匀。

第二节 / 可塑巧克力的造型展示

玫瑰花

工艺流程

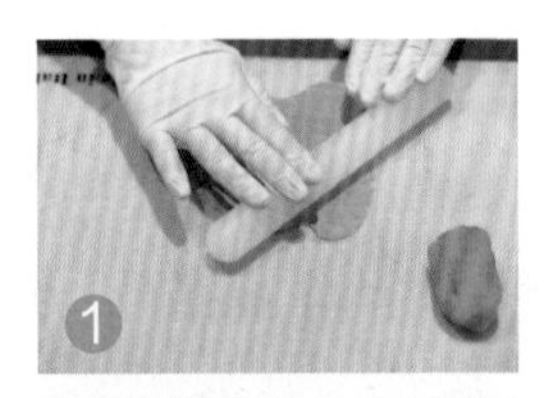

将制作好的白巧克力面用红色色膏调色，擀成 0.3 厘米厚的片状

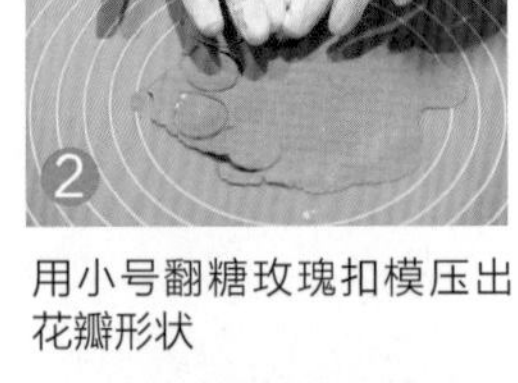

用小号翻糖玫瑰扣模压出花瓣形状

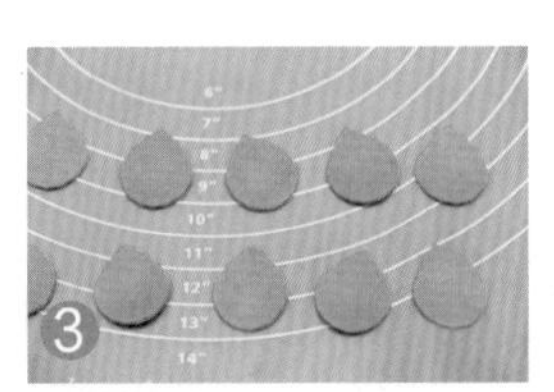

修饰边缘

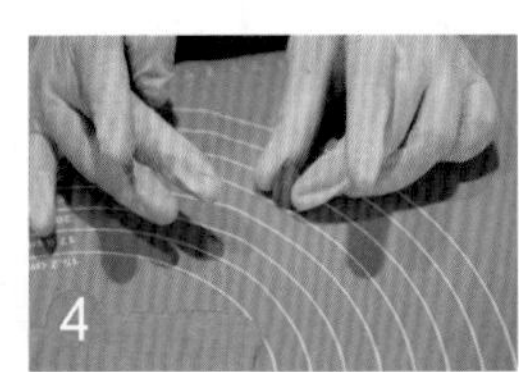

取一块巧克力面捏成水滴状

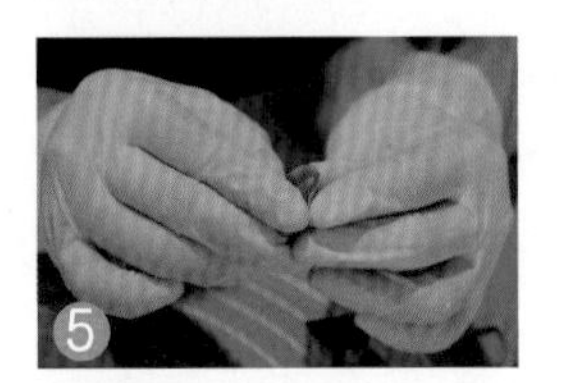

将花瓣边缘捏至微薄并贴在水滴芯上

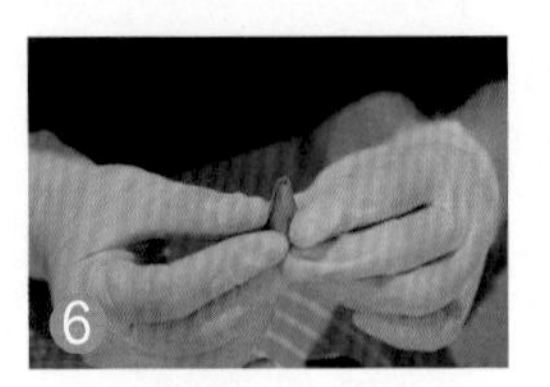

调整花瓣位置，使其高于花芯 1 毫米

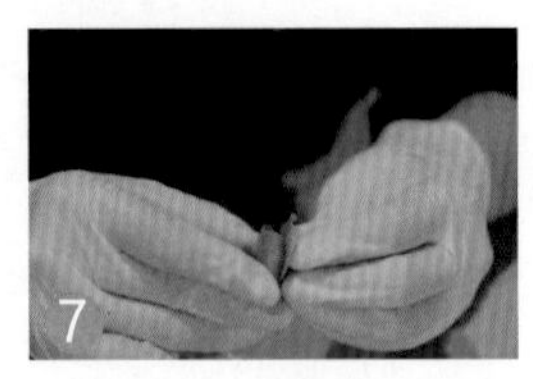

包第二瓣，并使其高于第一瓣 1 毫米

在两瓣中间包第三瓣，将花边外翻一些，使其自然

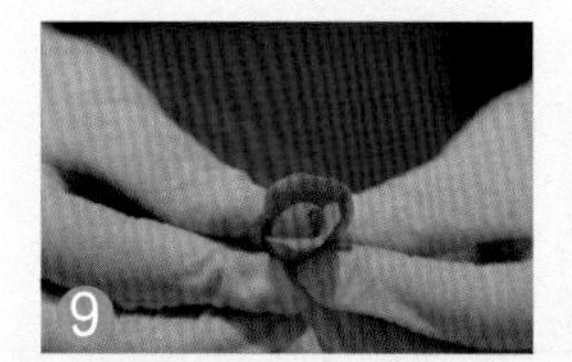

将第四瓣花瓣边缘贴在第三瓣中间位置，边缘翘起，花瓣外翻

将第五瓣花瓣边缘贴在第四瓣中间位置，花瓣略低于上一瓣 1 毫米

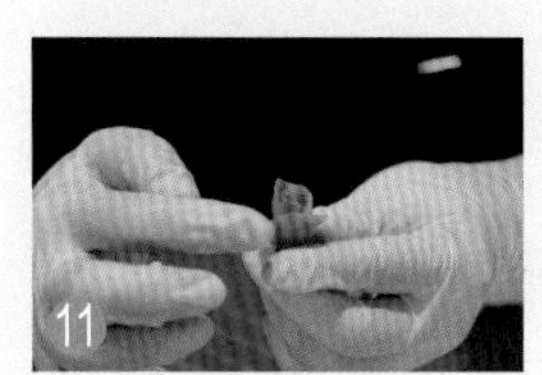

同上包第六瓣，调整花苞多余巧克力面

包玫瑰花第七瓣，花瓣稍张开，并外翻，使其自然

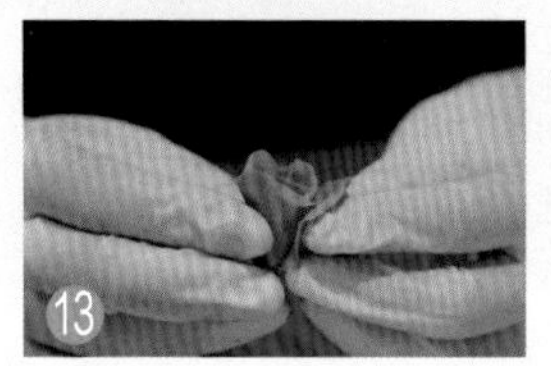

依次包下一瓣

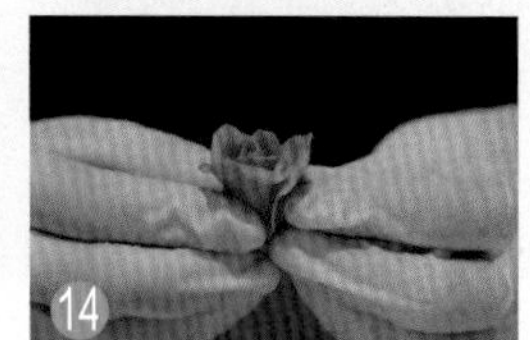

调整花苞，将多余巧克力面捏掉

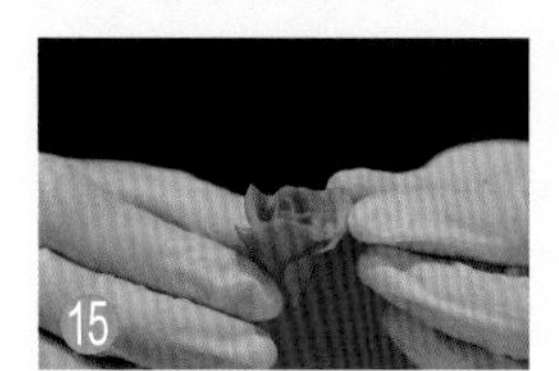

调整花瓣形态

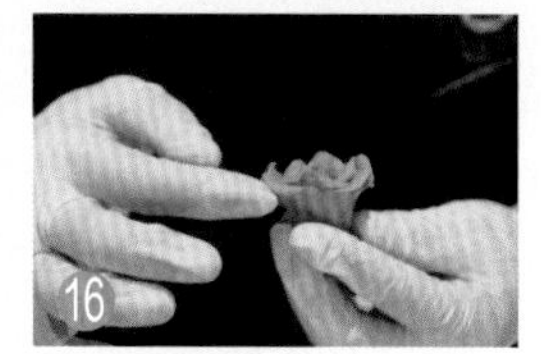

微微调整花瓣外翻角度

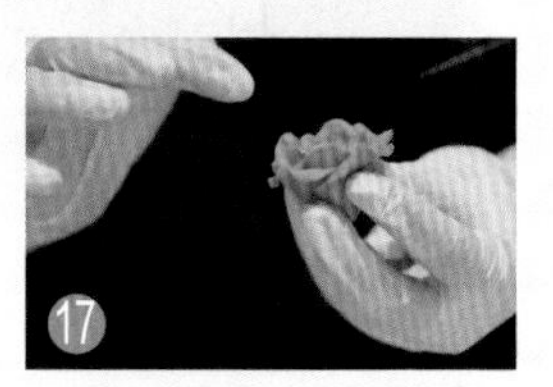

用指尖温度调整花瓣细节

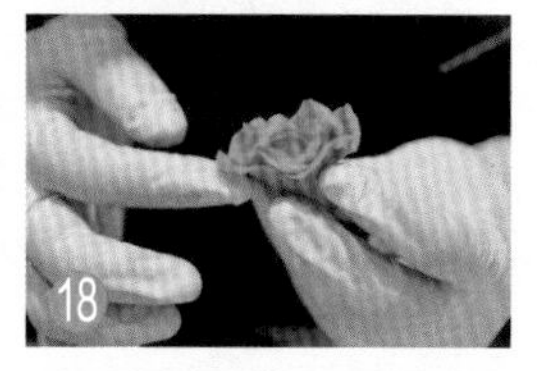

用指尖温度修饰花苞圆润度

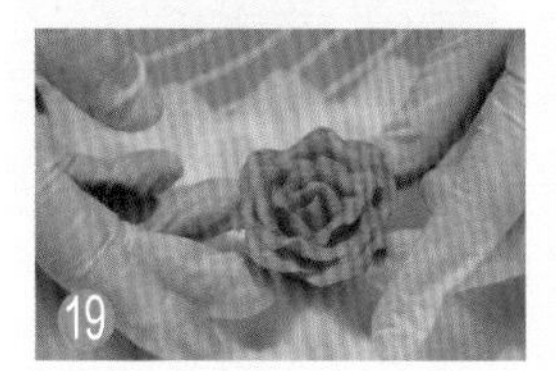

修饰整体效果

将做好的玫瑰花巧克力摆好

用　　途

成品用于装饰蛋糕，以及作为巧克力礼品。

主要准备工具

硅胶垫

玫瑰扣模

擀面杖

操作注意事项

1. 巧克力面需揉搓到柔软状态，如果过软可以冷冻后使用。
2. 制作失败可重头开始。

卡通牛

工艺流程

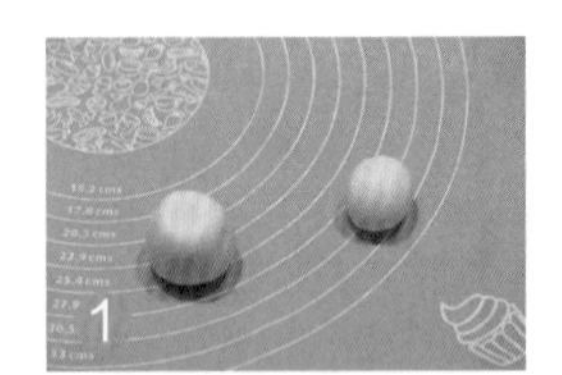

将巧克力面分成一大一小两个球

将两个球揉至圆润无纹路，在大球中间插两根固定竹签

将两个圆球叠起来，小球在上面

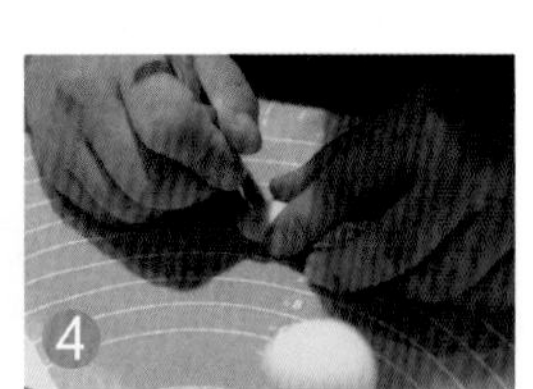

制作一个小圆饼，在上面用工具压出小牛的嘴纹路

按出鼻子纹路

将嘴鼻成品放好备用

将做好的嘴鼻粘接在小牛头部

做出小牛的肚子

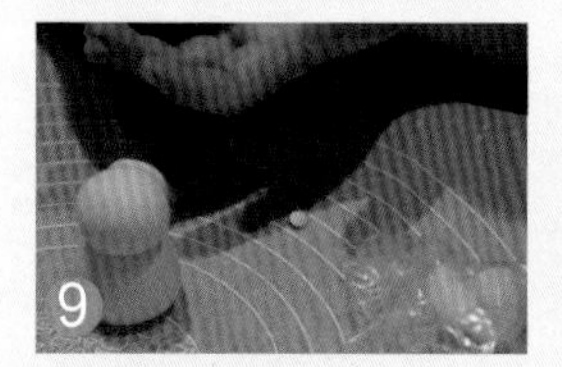

揉出小牛的眼睛

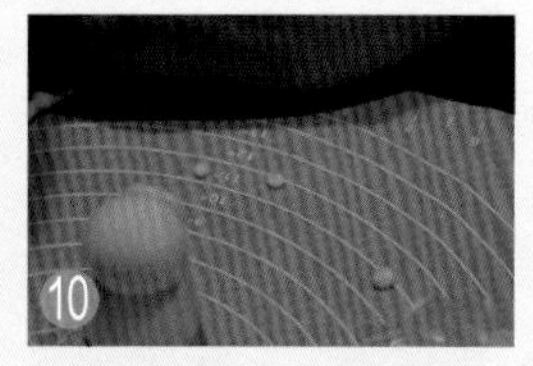

调整，使两只眼睛同等大小

揉出两个黑色眼球

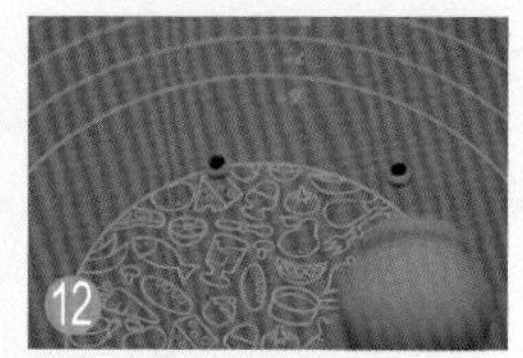

将黑色眼球粘贴在白色眼睛上

将做好的眼睛粘贴在小牛头部的适当位置

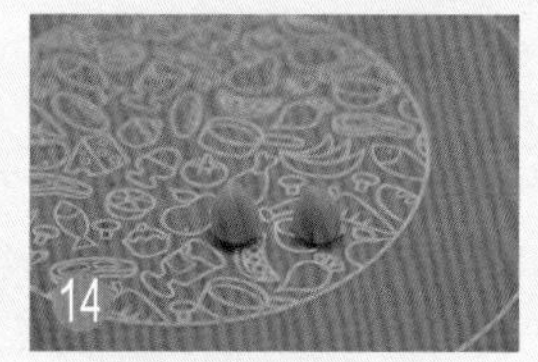

制作小牛耳朵

将耳朵粘贴在头部两侧

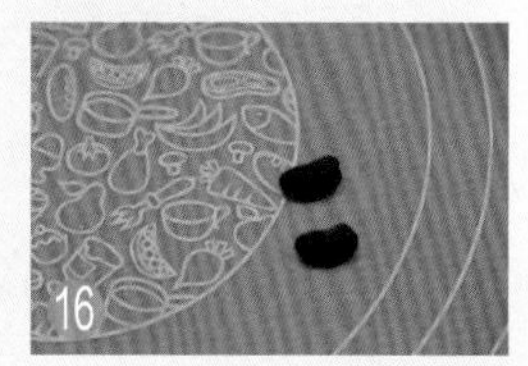

制作小牛犄角

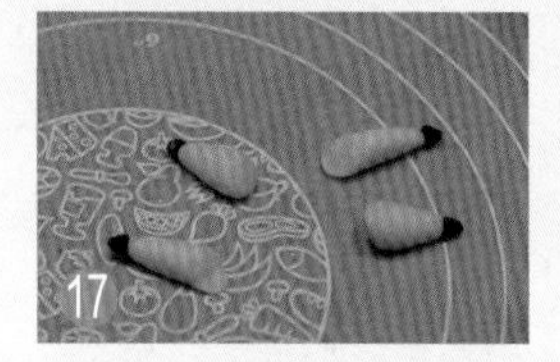

制作小牛四腿

修饰其长短

将小牛四肢粘贴在适当位置

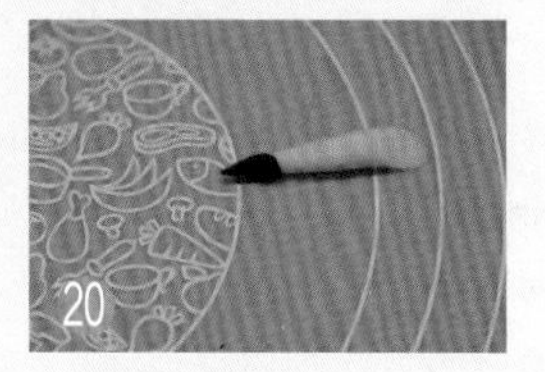

制作小牛尾巴

将尾巴粘贴在小牛后部

小牛后身成品

小牛前身成品

用　　途

成品用于装饰蛋糕，以及作为巧克力礼品。

操作注意事项

1. 巧克力面需揉搓到柔软状态，如果过软可以冷冻后使用。
2. 制作失败可重头再来。

主要准备工具

硅胶垫
小毛刷
竹签
手签
翻糖小工具

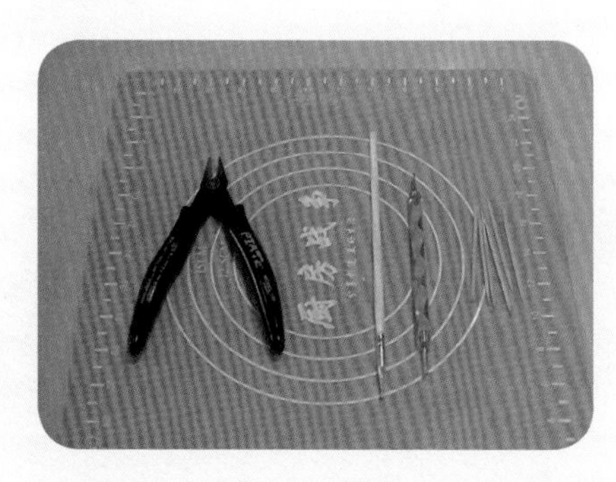

应用篇

第五章　巧克力在西点中的应用

第一节 / 巧克力淋面

普通淋面的制作

黑色淋面

原料：

序号	原料	克数
1	淡奶油	300
1	细砂糖	450
1	纯净水	63
1	葡萄糖浆	15
2	可可粉	150
3	吉利丁	18
4	镜面果胶	300
5	橄榄油	63

方法：

将序号为 1 的原料煮至 103℃后再放入序号为 2 的原料煮两分钟，关火再依次加入吉利丁、镜面果胶和橄榄油，15h 后可使用。淋面保鲜温度：普通蛋糕 30℃ ~32℃，慕斯蛋糕 35℃ ~38℃。

豹纹淋面

原料：

序号	原料	克数
1	镜面果胶	40
1	纯净水	10
2	金色色粉	适量

方法：

将序号为 1 的原料煮至 65℃左右，关火后加色粉，用均质机打散，成料后 15h 可使用（保鲜）。

混色淋面

原料：

序号	原料	克数
1	水	100
1	幼砂糖	300
2	葡萄糖浆	300
3	吉利丁	22
4	白巧克力	300
5	炼乳	200
6	色粉	适量

方法：

将序号为 1 的原料煮至微开后加入葡萄糖浆、吉利丁、白巧克力、炼乳和色粉后用均质机均质至无气泡状态。

星空巧克力淋面

用　途

成品多用于慕斯淋面装饰。

操作注意事项

1. 淋面温度不要过高，需淋在刚从冷藏柜拿出的慕斯上。
2. 两种颜色的料浆要同时倒入同一个量杯中，均匀淋在慕斯上，使纹路自然。

主要准备工具

均质机　量杯　胶刮　牙刷

工艺流程

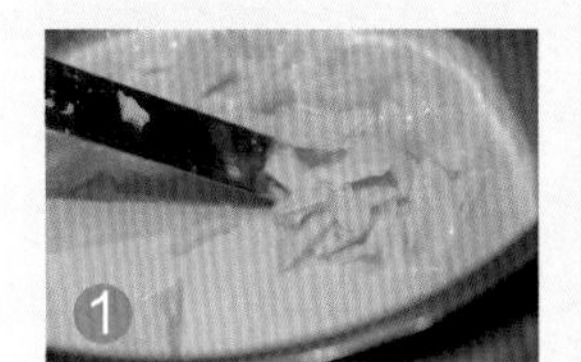

融化巧克力

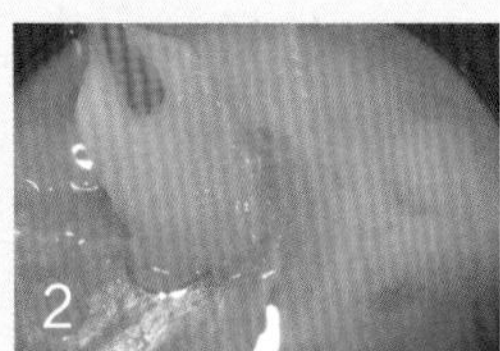

将水和糖搅拌均匀

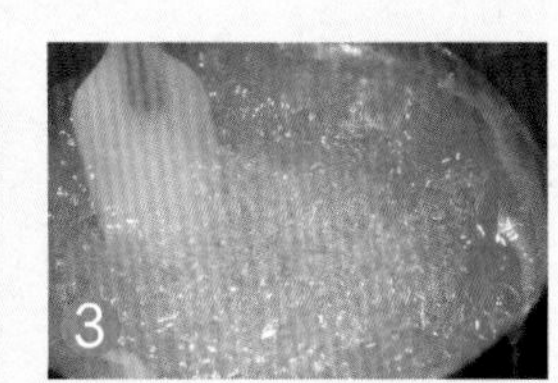

将糖水加热到 102℃

加入融化好的白巧克力

混合均匀

加入色粉

用均质机搅拌均匀

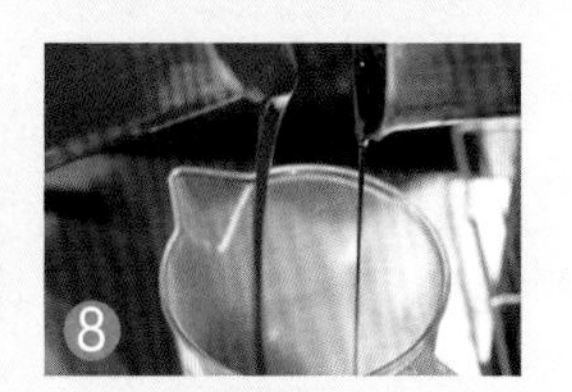

将两种不同颜色的淋面倒入一个量杯中

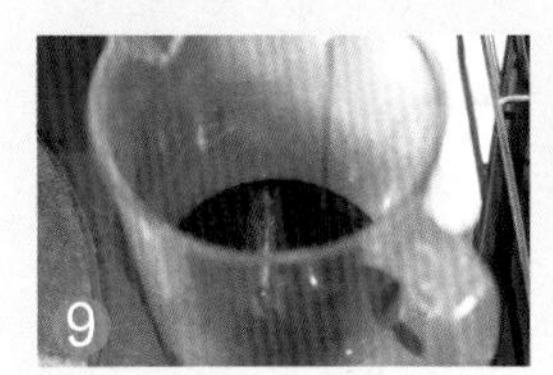

静止片刻

将量杯中的淋面倒在冻好的慕斯上

巧克力不要倒得太快，要使其自然流淌

用牙刷弹入白色色粉

色粉不要弹太多，使其均匀就好

豹纹
巧克力淋面

用　　途

成品多用于慕斯淋面装饰。

操作注意事项

1. 淋面温度不要过高，需淋在刚从冷藏柜拿出的慕斯上。
2. 豹纹料浆要适量，涂抹时速度要均匀且流畅，不可进行二次涂抹。

主要准备工具

均质机　量杯　抹刀　胶刮

工艺流程

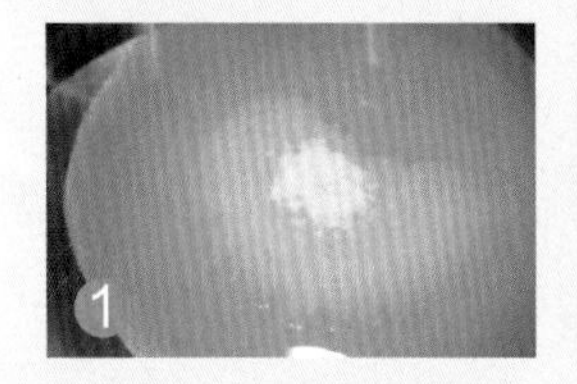

将水和砂糖加热融化至120℃

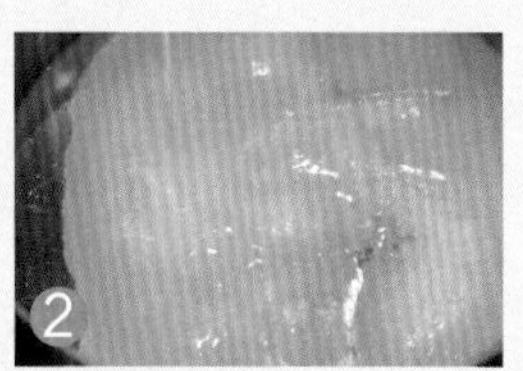

加入葡萄糖浆

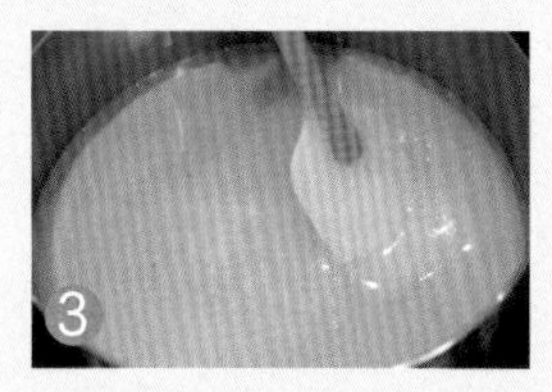

搅拌均匀，加热至大约102℃

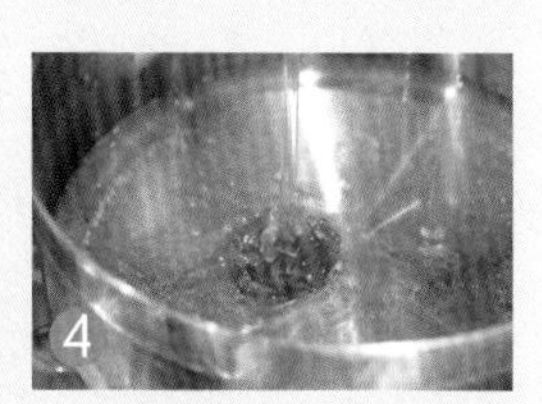

加入麦芽糖，搅拌均匀，继续加热至麦芽糖融化

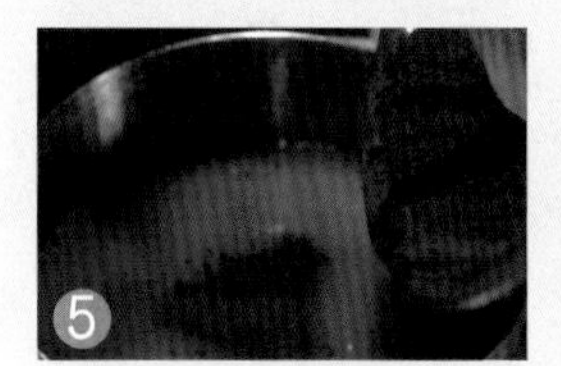

取下来晾至50℃后加入可可粉

搅拌均匀后过筛

用均质机搅拌至光亮，没有气泡

将做好的淋面静置到35℃左右，倒入冻好的慕斯表面

将整个表面覆盖

取40g透明果膏加入10g的水和2g金色色粉搅拌均匀

将挑好的果膏和色粉用裱花袋挤在抹刀上

在淋面未凝固时用抹刀迅速在巧克力上涂抹

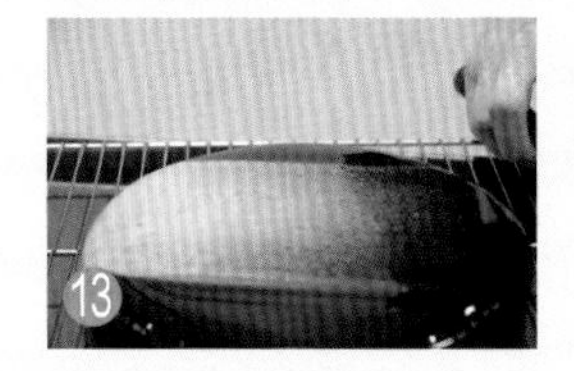

涂抹力度不要过大

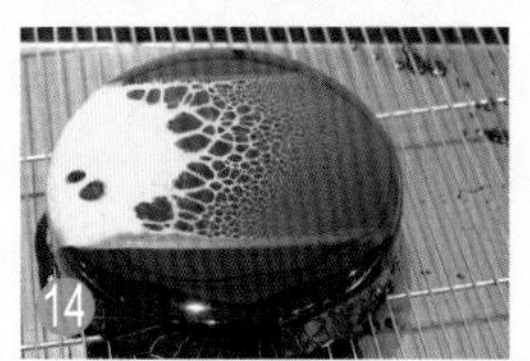

修整淋好的慕斯

进行最后装饰

混色
巧克力淋面

用　途

成品多用于慕斯淋面装饰。

操作注意事项

1. 淋面温度不要过高，需淋在刚从冷藏柜拿出的慕斯上。
2. 四种颜色的淋面料浆温度要保持一致，不可有气泡，如有气泡需用均质机消泡。

主要准备工具

均质机　量杯　胶刮　抹刀

工艺流程

将砂糖和水融化

加入葡萄糖浆

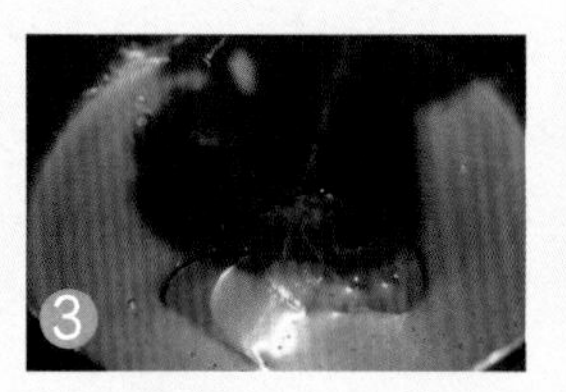

加热融化

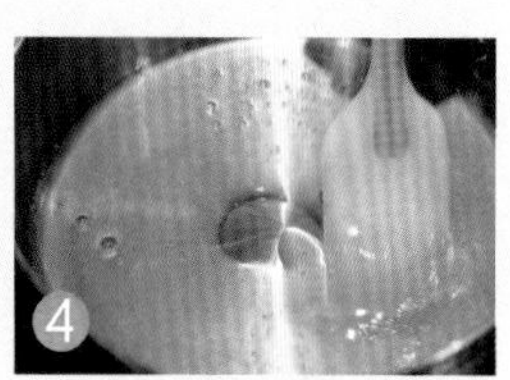

继续煮，加热至大约 102℃

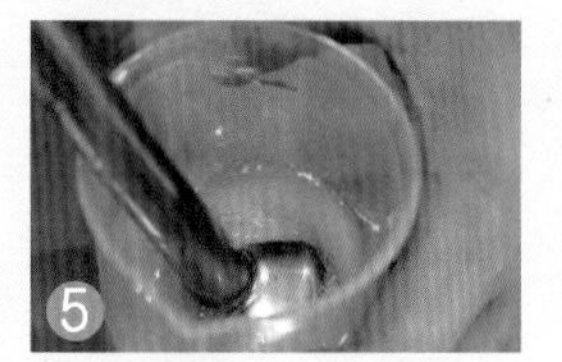

加入色粉，用均质机均至细腻无气泡

如图，将四个颜色的淋面均至无气泡

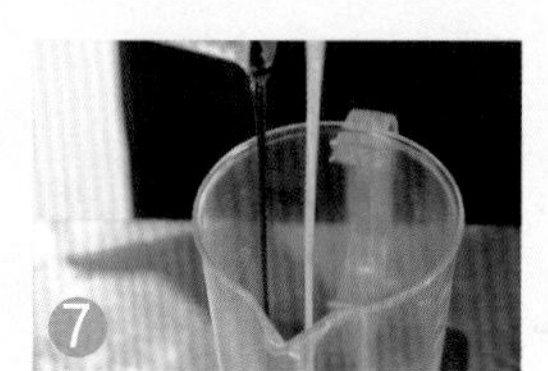

将蓝色与黄色一同倒入量杯中

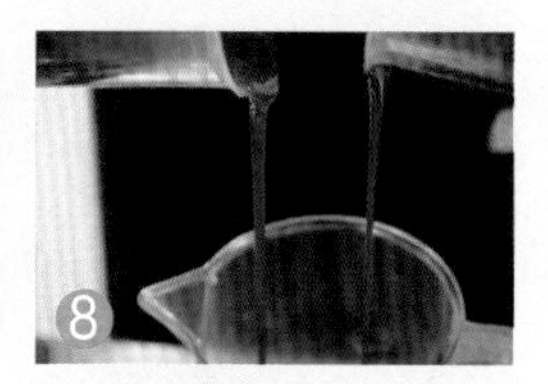

将绿色与红色一同倒入量杯中

稍稍静止片刻

将量杯中的彩色淋面倒在冻至好的慕斯上

倒至淋面时，速度不要过快

操作时要使淋面自然流淌

根据表面纹路稍作调试

在晾网上静止片刻

将成品做简单修饰

喷砂机的应用与调试

一台好的巧克力喷砂机包括三个部分：

一、空气压缩机（简称空压机）

对于不同用途的空气压缩机有不同的性能要求。如果是用来上色，一般的空压机配一个k3 或者上色的喷笔即可。如果是用来喷沙，对空气压缩机就有一定的要求。因为空压机的压力小或者气流量小，喷的时候连续性不够，就容易出现喷一下停一停再喷的现象，这样对操作是个麻烦。另外喷的时候也不容易均匀，也会导致颗粒感不均匀，这对操作者的技术要求比较高。

通常，商用选择 750w 30L 的空压机可基本满足需要。家用选择 550w 8L 的空压机加上一个 W-71 型 1.8 口径上壶的喷枪就可以了。一般而言，选择大容量和高压力的空压机，喷出的效果是雾化的，颗粒比较小，制作出的蛋糕喷沙更细腻。

二、喷枪

喷枪按照大小分为三类：（1）小型上色喷枪喷笔：K3 和 130 喷笔。（2）中型喷沙喷枪：W-71 型。（3）大型喷沙喷枪：w-77 型。这三种喷枪有不同用处。小型的用于上色，中型和大型用于大面积上色或者做喷沙。当然越大型的消耗的巧克力会越多，所以如果用作喷沙选择 W-71 型比较合适。尽量选择口径大一点的，因为当巧克力喷沙时，巧克力温度降低后会把嘴堵住，口径大一点，相对好一点。如果口被堵住了，可以用火枪或者热水加热喷嘴，融化巧克力后继续喷。

三、空气滤化器

空气滤化器起到净化空气的作用，毕竟机器吸进来的空气不是很干净。对于食品，保证产品的新鲜和干净是最起码的要求，而且空气越干净，做出来的成品越细腻。因为空气中带的杂尘颗粒越少，喷涂越均匀。一般情况下，建议装两个空气滤化器，一个装在机器上，另一个装在喷枪和软管借口处，以便进行二次过滤，这样在保证了卫生的同时可提高产品品质。

喷沙机的注意事项

1. 巧克力、可可脂和色素的配比要适当。可可脂和黑巧克力 1:1。白巧克力要比可可脂多一点。至于色素，每个品牌都不一样，可按照说明操作。如果是粉状的，切记要选择溶脂性的，而非溶水性或者溶酒性的。

2. 巧克力的温度保持为 35℃左右。操作时要快喷，以免巧克力的温度下降后将喷枪口堵住。如果堵住了，可用加热喷枪或者热水溶解，溶解后再喷。

3. 喷砂机要清洗干净， 若清洗不干净，长期堵住就比较麻烦，也会影响下次喷其他颜色，造成混色。

第三节 / 喷砂作品制作

春色盎然

工艺流程

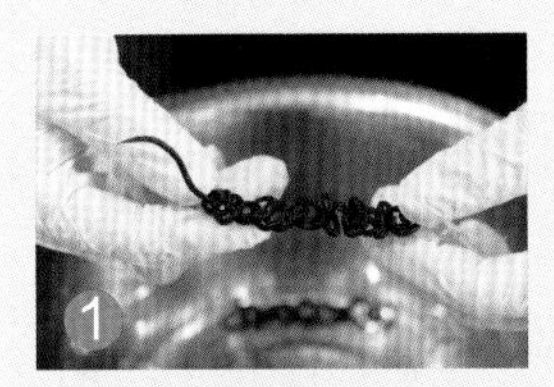

将调好温度的巧克力随意挤出自然条纹

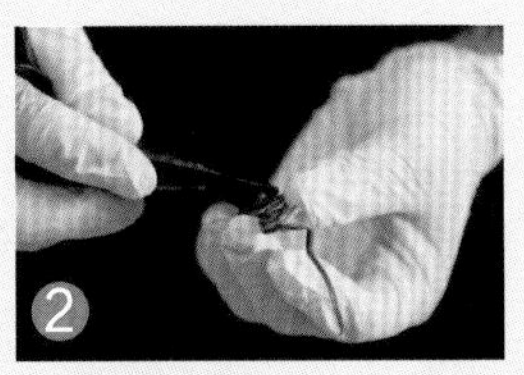

将巧克力装饰件刷成金属色

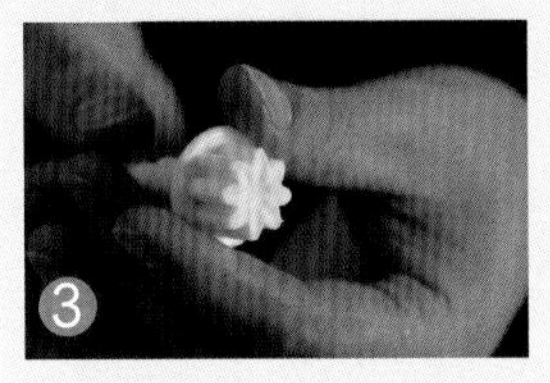

用翻糖印花模具扣压出白色糖花

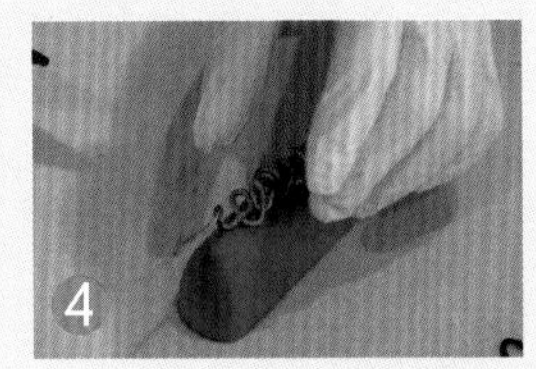

将巧克力装饰件摆放在喷好的慕斯上

调整位置

将装饰花放在成品一端

将做好的成品摆好

用　　途

成品多用于慕斯喷砂装饰。

主要准备工具

喷砂机

镊子

翻糖印花模具

操作注意事项

1. 需使用刚从冷藏柜里拿出的慕斯，保证其处在低温状态，这样可可脂喷在慕斯上，才会有颗粒状。

2. 调整喷笔口大小，可改变喷砂颗粒大小。

黑夜魔王

用　　途

成品多用于慕斯淋面装饰。

主要准备工具

喷砂机

羽毛刀

雕刻刀

火枪

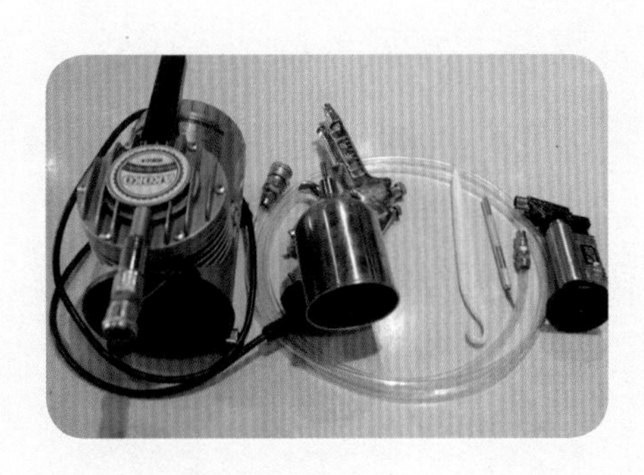

操作注意事项

1. 需使用刚从冷藏柜里拿出的慕斯，保证其处在低温状态，这样可可脂喷在慕斯上，才会有颗粒状。

2. 调整喷笔口大小，可改变喷砂颗粒大小。

工艺流程

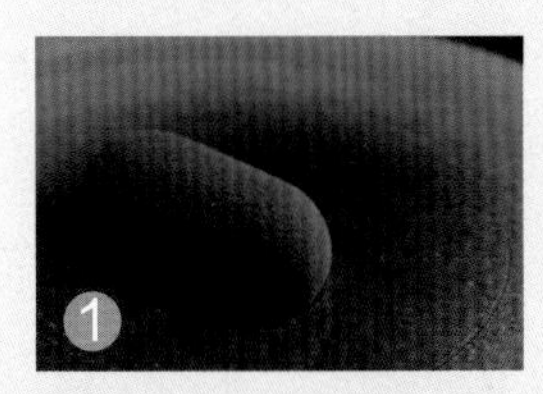

将冻制好的慕斯喷上黑色喷砂面

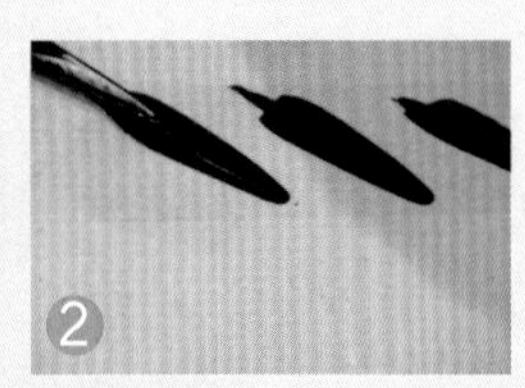

用羽毛刀沾上黑色巧克力做出羽毛状

用雕刻刀划出羽毛边缘

修饰边缘

用半凝固的巧克力点在喷砂好的慕斯上作为粘结点

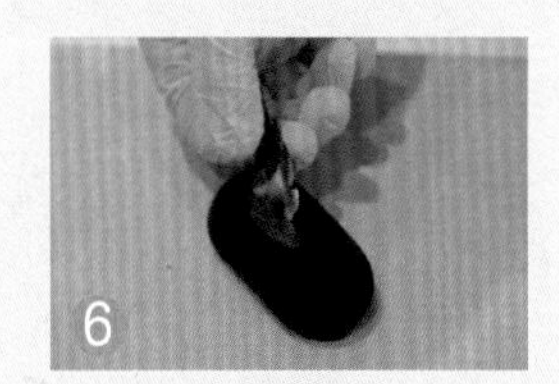

将羽毛粘在慕斯上

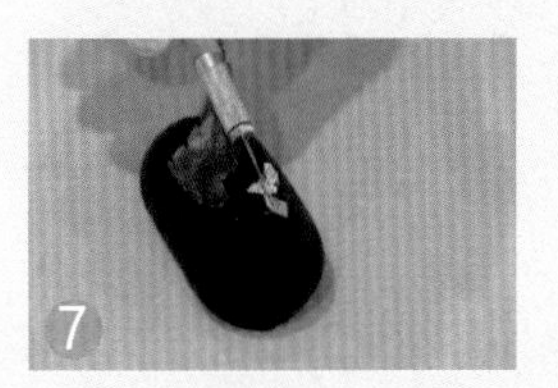

点上一片金箔

将做好的成品摆好

金色年华

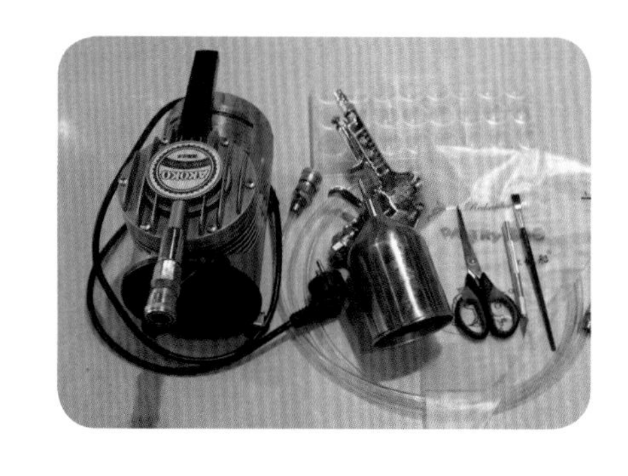

用　　途

成品多用于慕斯淋面装饰。

主要准备工具

喷砂机　裱花袋　剪刀　小毛刷

雕刻刀　亚克力球形模具

工艺流程

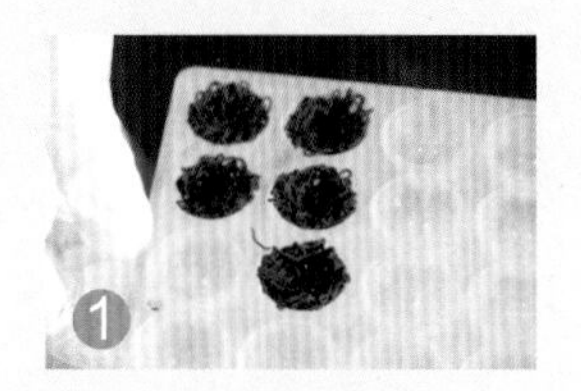

将调好温度的巧克力随意挤在亚克力球形模具中

将冷却的巧克力半圆脱模

将修饰后的巧克力半圆粘合在一起

修饰边缘

将巧克力球刷成金属色

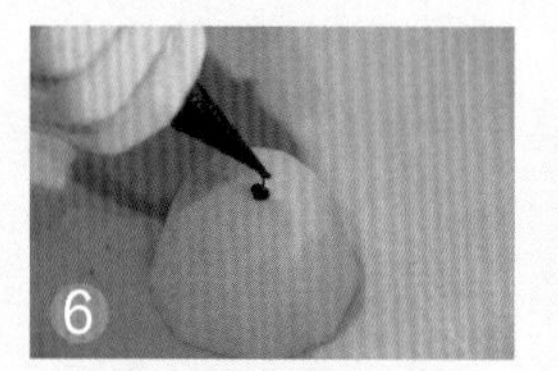

在喷好砂的慕斯上用半凝固巧克力作为粘结点

将巧克力球粘在慕斯上

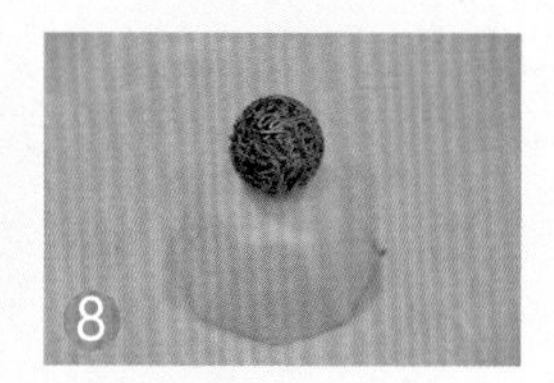

调整位置

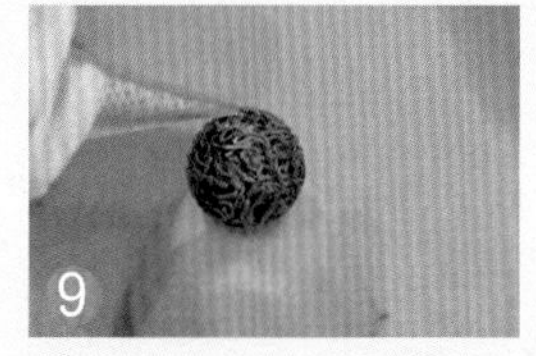

在巧克力球上点一滴果胶

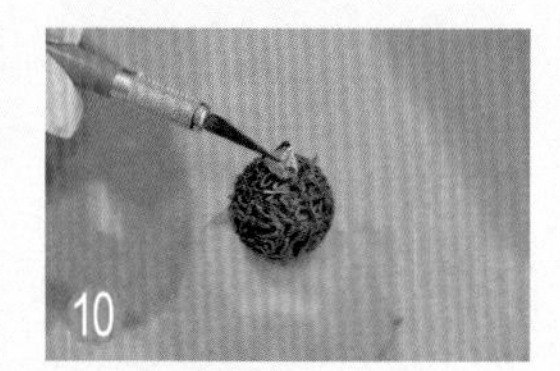

粘一片金箔

金色年华就做好了

操作注意事项

1. 需使用刚从冷藏柜里拿出的慕斯，保证其处在低温状态，这样可可脂喷在慕斯上，才会有颗粒状。
2. 调整喷笔口大小，可改变喷砂颗粒大小。

梦幻蓝

工艺流程

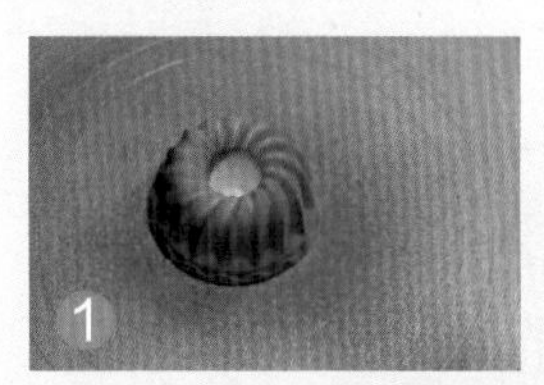

将冻制好的慕斯喷上蓝色喷砂面

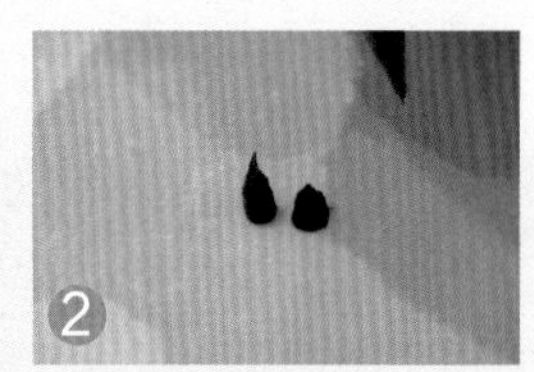

用调好温度的黑巧克力挤成螺纹柱

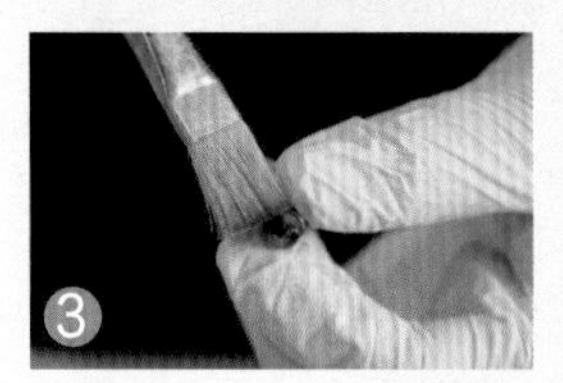

刷成金属色

将银珠糖倒入慕斯中

粘上螺纹柱

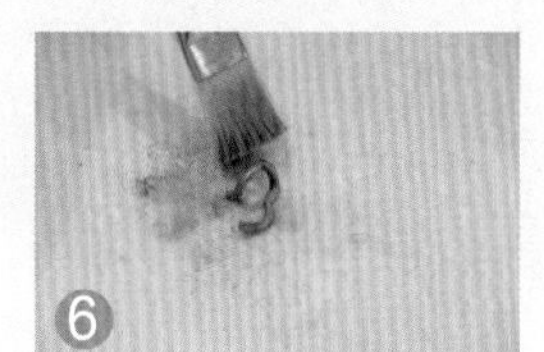

将巧克力装饰件刷成金属色

装饰成品

用　　途

成品多用于慕斯淋面装饰。

主要准备工具

喷砂机

裱花袋

剪刀

小毛刷

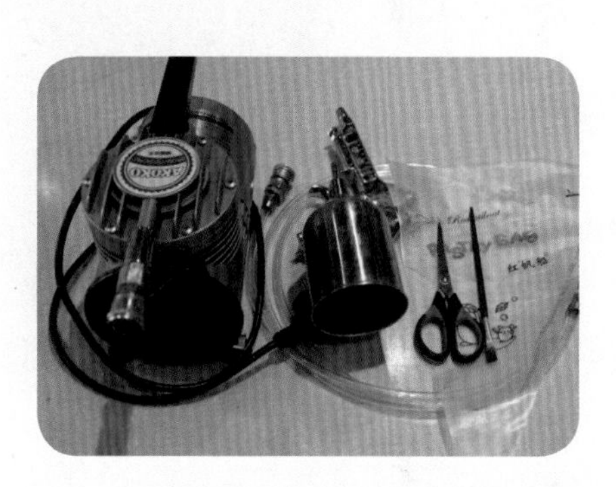

操作注意事项

1. 需使用刚从冷藏柜里拿出的慕斯，保证其处在低温状态，这样可可脂喷在慕斯上，才会有颗粒状。

2. 调整喷笔口大小，可改变喷砂颗粒大小。

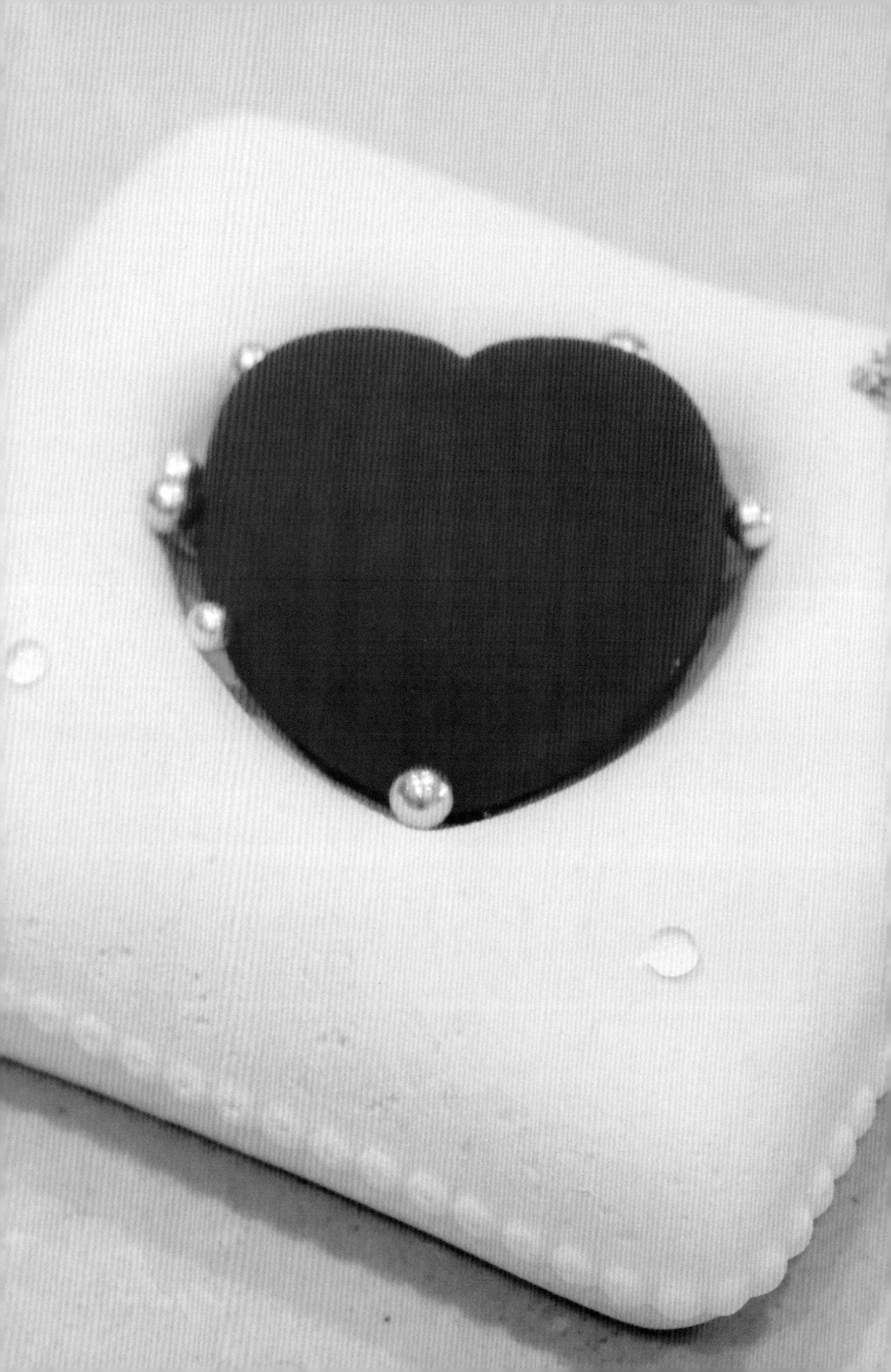

心枕

用　途

成品多用于慕斯淋面装饰。

主要准备工具

喷砂机

裱花袋

剪刀

雕刻刀

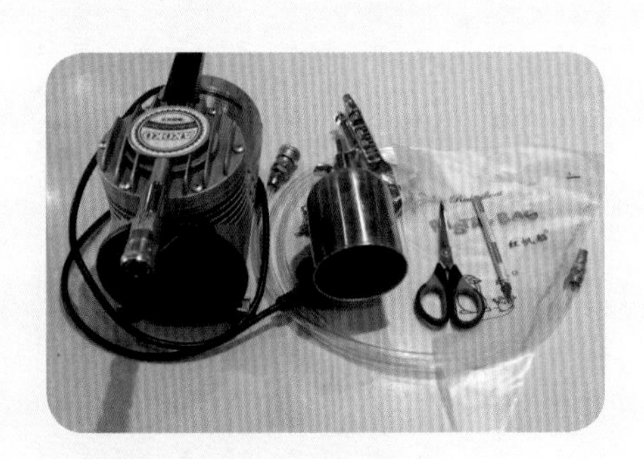

操作注意事项

1. 需使用刚从冷藏柜里拿出的慕斯，保证其处在低温状态，这样可可脂喷在慕斯上，才会有颗粒状。

2. 调整喷笔口大小，可改变喷砂颗粒大小。

工艺流程

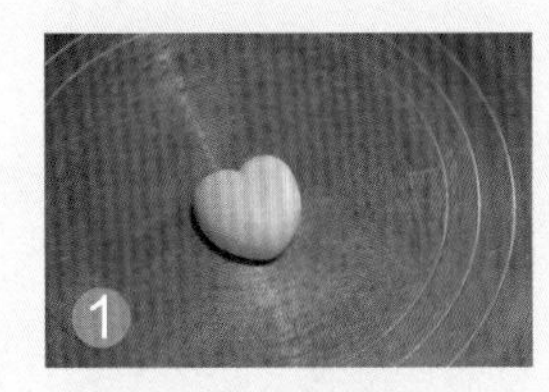

将冻制好的慕斯脱模

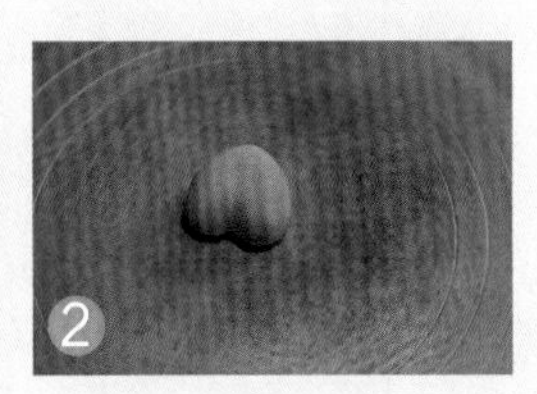

将冻制好的慕斯喷上红色喷砂面

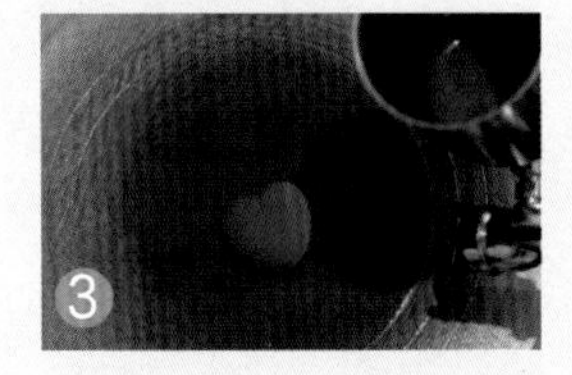

喷至均匀

将慕斯放在白色慕斯上

调整位置

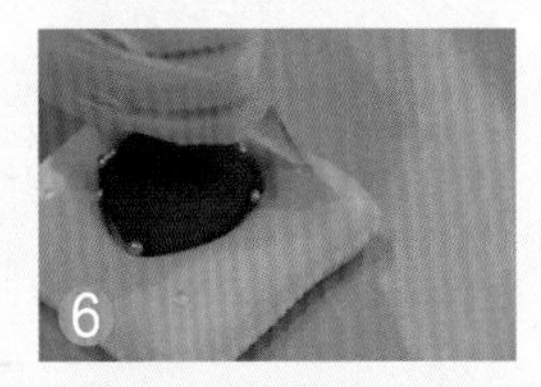

在边缘点一滴果胶

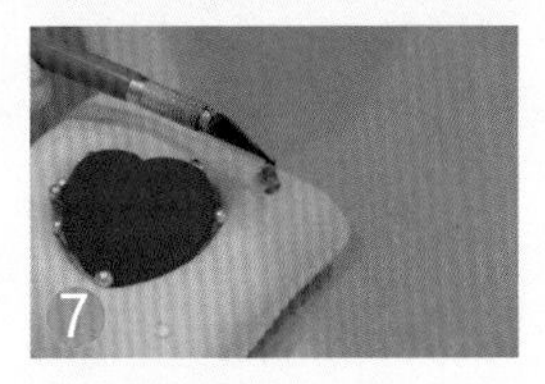

粘上一片金箔

修整成品

第六章　巧克力大型雕塑作品

巧克力大型雕塑作品一

操作注意事项

1. 所有组装制品制作完成后，需用半流淌状黏稠巧克力连接。
2. 组装时要避免头重脚轻，要合理设计成品形状，确保黏接稳固才可移动成品。
3. 如制作后需更改组装部分位置，需将小刀烧热从组装品根部切断。
4. 全程组装过程中需戴手套，避免破坏成品光泽度。

工艺流程

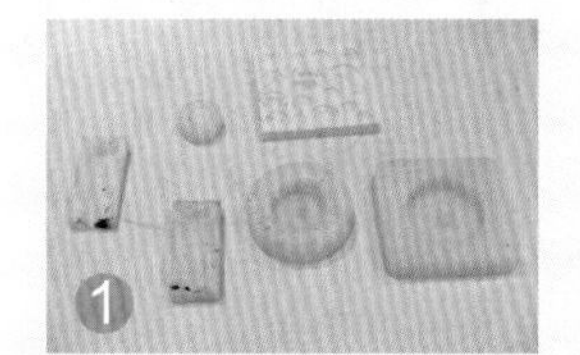

准备相应的模具

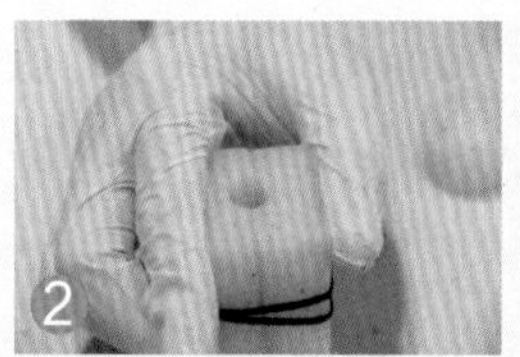

将分体的模具组装好，合实，避免巧克力外漏

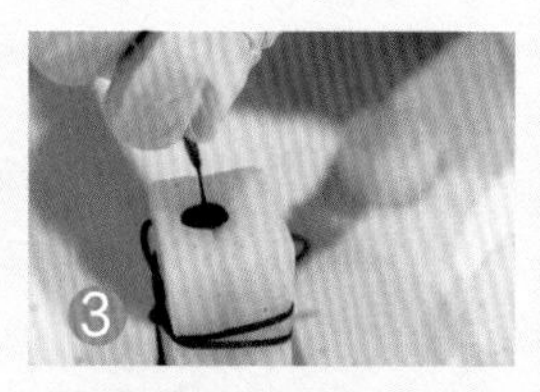

将调好温度的巧克力灌入组装好的模具 1 中

将调好温度的巧克力灌入模具 2 中

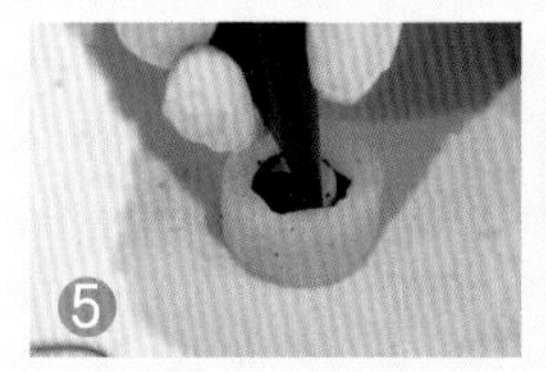

将调好温度的巧克力灌入模具 3 中

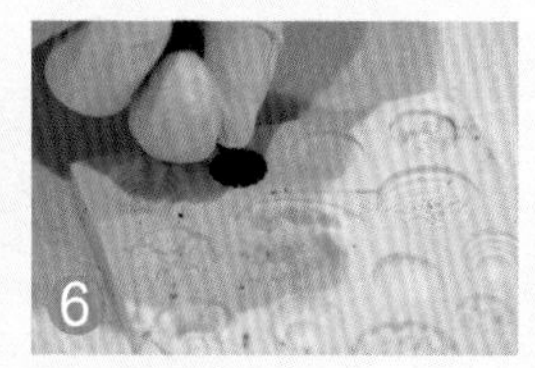

将调好温度的巧克力灌入模具 4 中

依次将巧克力冷却脱模

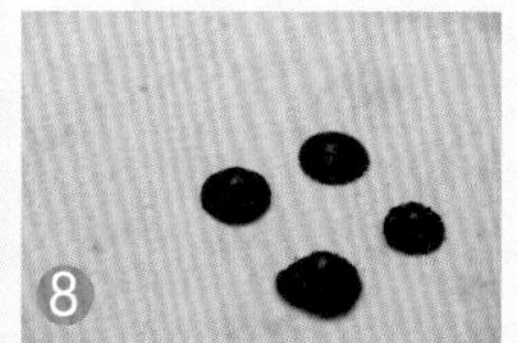

修饰脱模后的巧克力

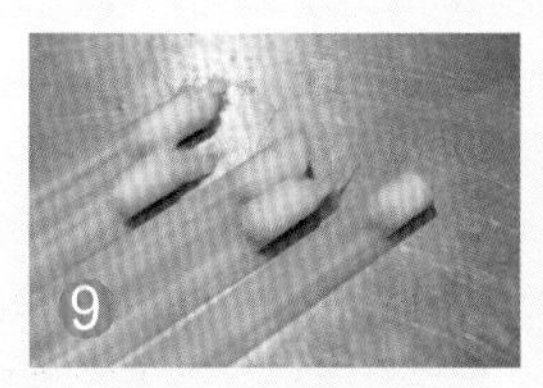

将吸管的一头堵住

从另一头贴壁灌入调好温度的巧克力，避免注入空气

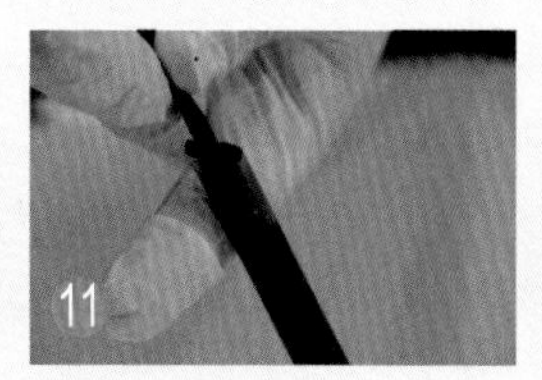

灌满封口

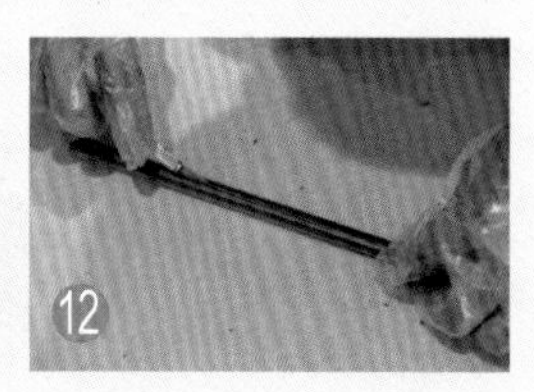

用刀割掉冷却好的巧克力的吸管外皮

工艺流程

将巧克力取出

修饰多余的边缘

将修饰好的巧克力上色

调节色粉数值，一定要均匀，以达到逼真效果

将螺丝状巧克力刷成铁色

将齿轮状巧克力刷成铁色

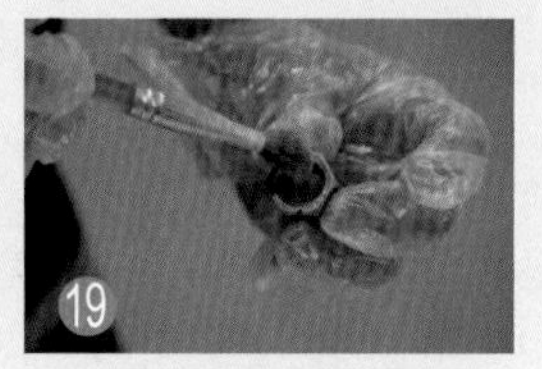

将螺母状巧克力刷成铁色

将装饰扣巧克力刷成金属色

将刷好颜色后的装饰扣修饰边缘至自然

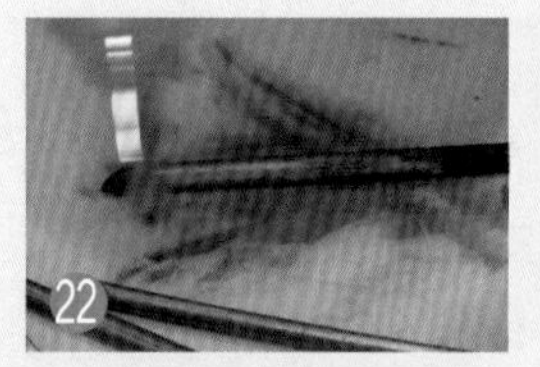

将巧克力棒刷成金属铜色

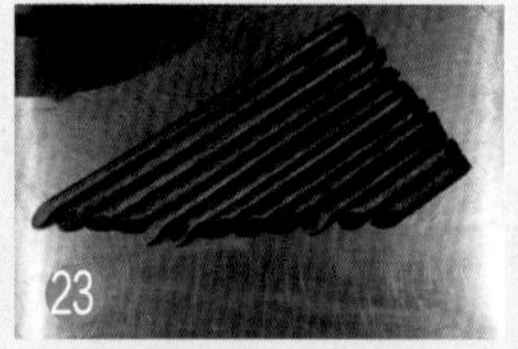

修整刷好的金属棒

将做好的巧克力菊花上色

第一层上一层薄薄的银色

第二层上铜色

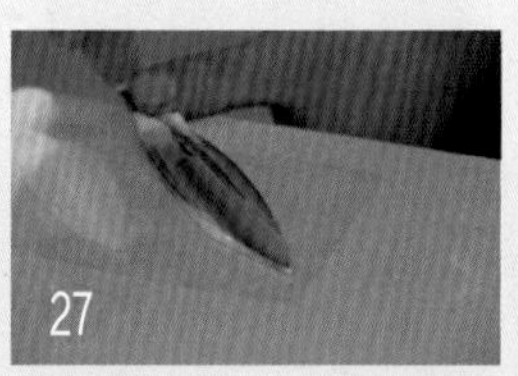

用羽毛刀沾入白巧克力贴在玻璃纸上

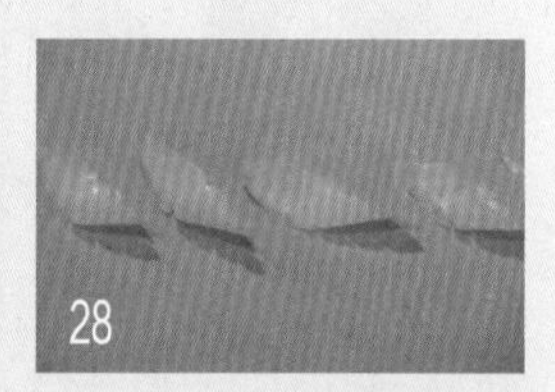

将干了的羽毛状巧克力脱模

将齿轮状巧克力、螺丝状巧克力组装在一起

扣合巧克力板

用螺母状巧克力固定在板上

将装饰扣状巧克力粘在螺丝状巧克力中间

工艺流程

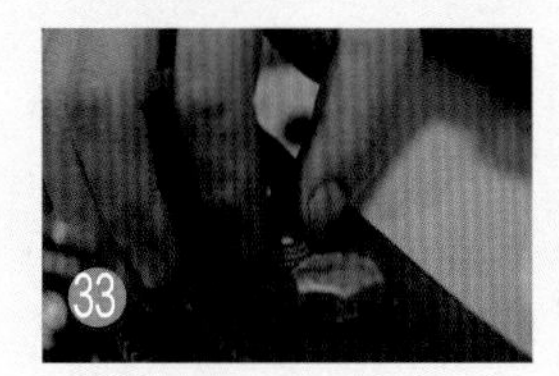

调整位置

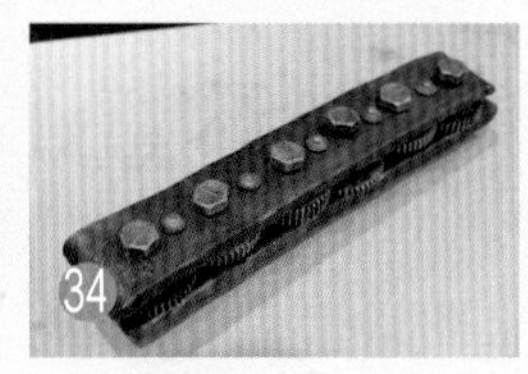

修饰整体效果

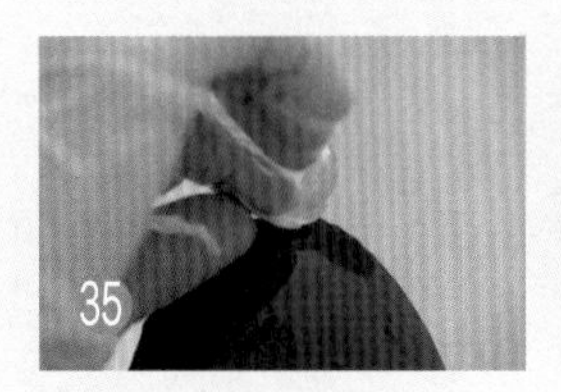

将做好的羽毛状巧克力粘在巧克力蛋上

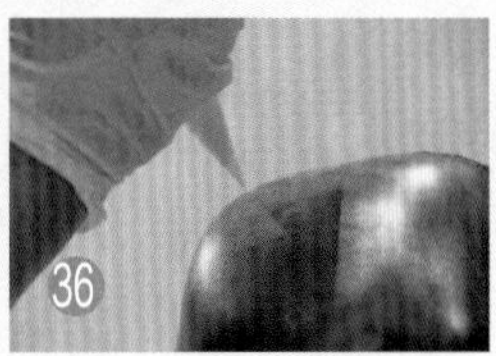

将巧克力羽毛粘在面具上

将提前做好的巧克力球粘在巧克力蛋上

将巧克力棒粘在主体上

初次修整整体效果

再次修整整体效果

将成品摆好

巧克力大型雕塑作品二

工艺流程

将融化好的巧克力灌入平面硅胶模具中

将立体模具提前用保鲜膜密封

将柱形模具两侧夹严

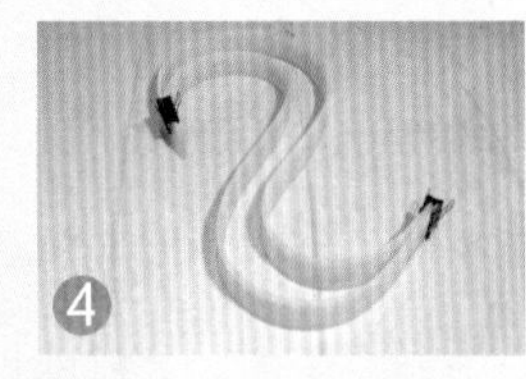

将硅胶条定型，两侧夹紧

在模具中灌入巧克力并等凝结后脱模

将文字模具用弧形柱体定型

脱模

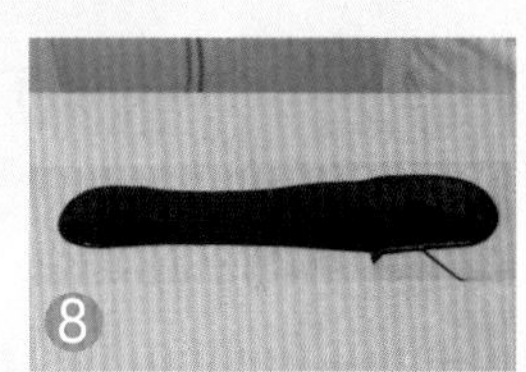

大理石调温后铺一张长条的玻璃纸，将调好温度的巧克力铺在玻璃纸上

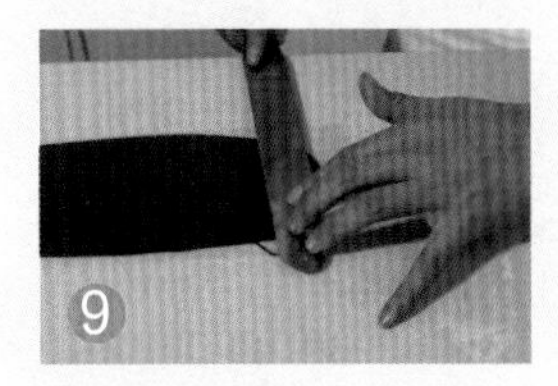

用抹刀将其推平

修整边缘，将多余的巧克力去除

用　　途

多用于大型西点比赛及技能展台展示

主要准备工具

硅胶模具

亚克力模具

铲刀

小刀

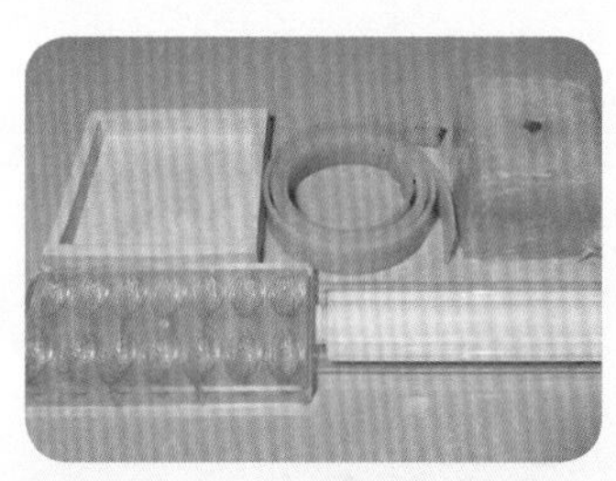

操作注意事项

1. 巧克力雕塑创作要有天马行空的思维，敢想敢做。

2. 需掌握平衡感，找好支点否则会不稳导致脱落。

3. 粘合使用的巧克力不要太热、太稀，这样粘合力不强。

4. 控制好室温，保持在 17℃ ~20℃更有利巧克力塑形。

工艺流程

用小刀划出长条三角形

将做好的三角形根部粘合，做成花朵

将花朵粘合，调整成圆润状态

用上色喷枪上色

调整上色至均匀

将圆饼和柱体粘合

在柱体上粘合正方形板

将巧克力铺在浮雕模具中，冷却后脱模

将主体粘好

上色，并将浮雕粘在巧克力瓶上

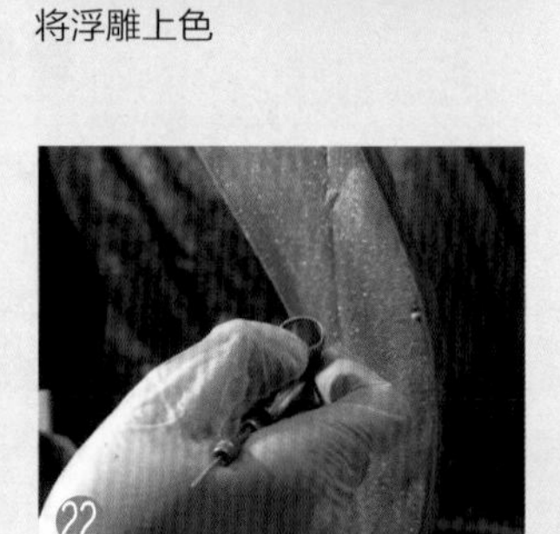
将浮雕上色

修饰上色的细节处

将中国旗袍结浮雕节粘合在主体 S 柱上

工艺流程

选择合适的位置放花

将巧克力花粘合在主体上

将文字碑粘合

在主体底部装饰巧克力

处理巧克力细节装饰

清理巧克力粘合中多余的
巧克力残留

将做好的成品摆好

图书在版编目（CIP）数据

巧克力甜点制作 / 新东方烹饪教育组编 . -- 北京：中国人民大学出版社，2020.1
ISBN 978-7-300-27781-3

Ⅰ . ①巧…　Ⅱ . ①新…　Ⅲ . ①巧克力糖 - 甜食 - 制作　Ⅳ . ① TS972.134

中国版本图书馆 CIP 数据核字（2019）第 299587 号

巧克力甜点制作

新东方烹饪教育　组编
Qiaokeli Tiandian Zhizuo

出版发行	中国人民大学出版社		
社　　址	北京中关村大街 31 号	**邮政编码**	100080
电　　话	010-62511242（总编室）		010-62511770（质管部）
	010-82501766（邮购部）		010-62514148（门市部）
	010-62515195（发行公司）		010-62515275（盗版举报）
网　　址	http：//www. crup. com. cn		
	http：//www. ttrnet. com（人大教研网）		
经　　销	新华书店		
印　　刷	北京瑞禾彩色印刷有限公司		
规　　格	185mm × 260mm　16 开本	**版　　次**	2020 年 1 月第 1 版
印　　张	10.5	**印　　次**	2024 年 12 月第 6 次印刷
字　　数	210 000	**定　　价**	42.00 元